RHEINISCH WESTFÄLISCHE AKADEMIE DER WISSENSCHAFTEN

Rheinisch-Westfälische Akademie der Wissenschaften

Geisteswissenschaften Vorträge · G 231

Herausgegeben von der
Rheinisch-Westfälischen Akademie der Wissenschaften

JEAN BINGEN

Le Papyrus Revenue Laws – Tradition grecque et Adaptation hellénistique

Springer Fachmedien Wiesbaden GmbH

218. Sitzung am 19. Januar 1977 in Düsseldorf

CIP-Kurztitelaufnahme der Deutschen Bibliothek

Bingen, Jean:

Le Papyrus Revenue Laws : Tradition grecque et Adaptation hellénistique / Jean Bingen.

(Vorträge / Rheinisch-Westfälische Akademie der Wissenschaften : Geisteswiss. ; G 231)

ISBN 978-3-531-07231-9 ISBN 978-3-663-14372-7 (eBook)

DOI 10.1007/978-3-663-14372-7

Ursprünglich erschienen bei Westdeutscher Verlag GmbH Opladen 1978

ISBN 978-3-531-07231-9

Je ne veux pas suggérer que les Anciens étaient comme le Monsieur Jourdain de Molière qui faisait de la prose sans le savoir, mais qu'en fait il leur manquait la notion d'une «économie» et, à fortiori, les éléments conceptuels qui ensemble constituent ce que nous appelons l'«économie».

MOSES I. FINLEY, *L'économie antique* (1975), p. 20

Pendant un millénaire, depuis Alexandre le Grand jusqu'à la conquête arabe, une population de langue grecque a joué à Alexandrie et en Égypte un rôle déterminant dans l'administration comme dans l'économie du pays. Elle a développé en Égypte, sur le plan socio-culturel, le schéma type de la minorité privilégiée qui continue à pratiquer, avec plus ou moins de distinction, la langue et l'héritage culturel qui définit son groupe. Grâce à cette présence grecque et grâce à la sécheresse du climat de la Moyenne et de la Haute Égypte, nous disposons depuis un siècle d'un grand nombre de documents grecs et latins sur papyrus. C'est une des tâches du papyrologue de faire connaître cette documentation d'une richesse et d'une variété infinie. Mais, et c'est là le fondement de toute critique documentaire, l'effort d'interprétation doit se faire dans un double esprit: généraliser, extrapoler les données fournies par les documents, chaque fois que c'est possible; mais aussi être conscient des limites qu'il faut accorder au caractère significatif d'un texte isolé dans une documentation très fragmentaire. Ce double problème critique sera présent dans l'analyse que je désire faire de ce qu'on appelle le «papyrus Revenue Laws» et que son premier éditeur a appelé d'une manière plus concrète, mais aussi plus contraignante, les «Revenue Laws» de Ptolémée II Philadelphe. Cependant, que peut-on légitimement tirer de ce texte? jusqu'où peut-on élargir ces données pour en dégager, à tort ou à raison, les axes généraux de l'économie et de la gestion royale de l'Égypte hellénistique?

*
* *

Publié en 1896 par B. P. Grenfell[1], le document que je présente à votre attention a suscité dès l'abord un vif intérêt, non seulement par son ampleur inusitée pour un document ptolémaïque et par la densité des renseignements qu'il apportait, mais aussi pour trois autres raisons, très différentes les unes des autres. La première est la date très haute de ce document. Datant par ses éléments les plus récents de l'an 27 du règne de Ptolémée II Philadelphe, soit de l'an 259 avant J.-C.[2], il est le plus ancien document d'une telle longueur dans l'Égypte grecque. La seconde raison, c'est qu'une vingtaine d'années après sa publication, il s'est vu juxtaposer un ensemble très riche de papyrus grecs pratiquement contemporains. C'est le fonds qu'on appelle les «archives de Zénon»[3]. Or, il existe des liens évidents, mais en réalité très ambigus, entre les *Revenue Laws* et les papyrus dits de Zénon, et le moindre de ces liens n'est certes pas la personnalité du diécète Apollonios, le Grand Intendant du Royaume. En effet, il est l'autorité dont relèvent les matières réglementées par le papyrus *Revenue Laws,* mais il est aussi le détenteur du «bénéfice» (*δωρεά*) de plus de 2.700 hectares que Zénon a géré un certain temps et près duquel les papyrus de Zénon ont sans doute été trouvés par des fouilleurs clandestins. La troisième raison enfin, c'est que progressivement

[1] *Revenue Laws of Ptolemy Philadelphus.* Oxford, Clarendon Press, 1896 [microfiché dans «Papyrology on Microfiche», Series I, 51, 1–4, Missoula, Scholars Press, 1977]. – Réédition après examen de l'original: J. Bingen, *Papyrus Revenue Laws.* Nouvelle édition du texte. Göttingen, Hubert & Co, 1952 [= *Sammelbuch griechischer Urkunden aus Ägypten,* Beiheft 1]. Cf. *BL IV* (1964), p. 71; *V* (1969), p. 86; *VI* (1976), p. 121.

[2] Il s'agit en fait soit de documents copiés en l'an 27 (259/8), soit de documents plus anciens (an 25 ou an 26), mis à jour en l'an 27 (cf. col. 1: adaptation de la titulature à celle qui fut introduite en 259; col. 24: an 27, ancienne titulature; col. 38: note de mise à jour du 31 août 259). Certaines sections, particulièrement les dernières, ne peuvent être datées avec précision, mais elles semblent contemporaines des autres.

[3] Sur ces «archives», on consultera avec fruit Cl. Préaux, *Les Grecs en Égypte d'après les Archives de Zénon* (Bruxelles, 1947). Depuis ce travail, des papyrus de ce fonds ont encore été publiés sans en modifier vraiment les conclusions. La plus importante de ces publications, T. C. Skeat, *Greek Papyri in the British Museum (now in the British Library).* Volume VII, *The Zenon Archive* (1974), contient de nombreux papyrus qui avaient été déjà utilisés par Cl. Préaux, ainsi que déjà par M. Rostovtzeff, *A Large Estate in Egypt in the Third Century B. C. A Study in Economic History* (Madison, 1922). – Cf. aussi A. Świderek, *La société indigène en Égypte au IIIe siècle avant notre ère d'après les archives de Zénon,* Journal of Juristic Papyrology 7–8 (1954), pp. 231–284; et *La société grecque en Égypte d'après les archives de Zénon,* Journal of Juristic Papyrology 9–10 (1956), pp. 365–400. – Bien que cet ensemble de papyrus, l'un des plus beaux que l'Égypte ait donnés, forme une documentation exceptionnellement riche et variée sur l'installation des Grecs dans la chôra, sur les rapports les plus divers qui peuvent naître entre eux ou entre Grecs et Égyptiens, sur le paysage agricole des terres nouvelles, etc., toute analyse de ce fonds doit tenir compte du caractère très particulier des données institutionnelles, sociales et économiques qui ont présidé au développement de la dôréa de Philadelphie.

se sont développées dans la première moitié du XXe siècle, particulièrement par les travaux successifs d'Ulrich Wilcken, de Michael Rostovtzeff et de Claire Préaux, des analyses de plus en plus précises de l'économie de l'Égypte ptolémaïque ainsi que l'esquisse d'une pensée économique théorique du pouvoir royal en Égypte. Or, cette analyse et cette esquisse ont été profondément influencées par l'interprétation qu'on s'est proposée du papyrus *Revenue Laws*. J'en prendrais peut-être pour illustration la plus caractéristique, une œuvre comme l'*Économie royale des Lagides* (Bruxelles, 1939) de Claire Préaux, synthèse où l'effort de définir l'emprise et les limites du pouvoir royal sur le fait socio-économique nouveau qu'est l'Égypte ptolémaïque, est continuellement fondé sur l'exploitation exhaustive des documents. Que voyons-nous? Lorsque le livre aborde le problème des ressources du roi, l'auteur établit d'abord la nécessité d'une économie dirigée en Égypte ptolémaïque (pp. 61–65), puis elle ouvre immédiatement son enquêre par l'étude du monopole de l'huile, c'est-à-dire ce qui relève de la partie la plus importante et la plus originale du papyrus des Revenue Laws (pp. 65–93).

Or, depuis 1939, sous la poussée vigoureuse de quelques historiens de l'économie antique, nous voyons très différemment le fait économique ancien et surtout l'appréhension qu'a eu l'homme ancien du fait économique en tant que matière à réflexion et à décision. N'est-il donc pas temps de reprendre un texte qu'on a voulu déterminant dans l'étude de l'économie ptolémaïque?

Examinons-en d'abord l'aspect *matériel*. Ce qu'on appelle «le papyrus *Revenue Laws*» apparaît dans nos éditions comme un ensemble de 107 colonnes auxquelles s'ajoutent quelques fragments[4]. Dès la page de titre de l'édition princeps a été créée l'idée force qu'il s'agit d'un ensemble unique et homogène: «Revenue Laws of Ptolemy Philadelphus edited from a Greek Papyrus in the Bodleian Library». Et le singulier «papyrus» désigne dans la préface de 1896 l'addition des deux rouleaux qui forment en réalité cet ensemble. Car il s'agit bien de deux rouleaux acquis dans des circonstances différentes[5] même s'il y a de bonnes raisons de les rapprocher l'un et l'autre. En fait, le problème de critique externe que posent les deux supports du texte ne se situe pas au niveau de la partition éventuelle d'un document

[4] L'état de conservation de ces colonnes est très variable. Certaines sont presque complètes, d'autres ne sont représentées que par de petits lambeaux.

[5] Le premier rouleau fut acheté au Caire par Flinders Petrie en 1893. Grenfell acquit les fragments qui forment le deuxième rouleau en 1894/5, partiellement au Caire, partiellement au Fayoum. Pour ce second rouleau, il parle dans son introduction d'un «sister roll wrapped round it» [= le rouleau acquis en 1893]. Grenfell signale, p. V, que «both the external and the internal evidence point to its provenance having been the Fayoum», affirmation qui doit se fonder en partie sur les circonstances, restées inconnues, de l'acquisition du document.

unique en deux parties, mais bien au niveau des circonstances contingentes grâce auxquelles les deux rouleaux nous font connaître sept ou huit documents, qui étaient indépendants à l'origine et ne furent réunis que lorsqu'ils étaient déjà périmés. C'est un procédé de classement bien connu des papyrologues: on collait les unes à la suite des autres les pièces qu'on voulait conserver, et on créait ainsi des rouleaux plus ou moins homogènes, aptes à être classés et consultés[6].

Seulement cette observation bibliologique a son importance, même si c'est une découverte unique qui a abouti aux deux achats de 1894 et 1895. Elle établit que celle-ci ne représente pas les restes d'un manuscrit qui envisageait au départ et d'ensemble la réglementation des revenus royaux. Il ne s'agit pas d'un code. Ce qu'on appelle «le papyrus *Revenue Laws*» est une collection de documents, une documentation à usage administratif ou privé[7].

Ces documents, de même nature et d'une nature particulière, ont été suscités par la pratique de la cession à ferme des impôts et des licences d'exploitation de certaines activités économiques du pays. L'affermage des impôts est une pratique attestée en Grèce classique, particulièrement à Athènes. Quand a-t-elle été introduite en Égypte à la suite de la conquête macédonienne? Elle est utilisée, semble-t-il, de manière très étendue en l'an 259, date des *Revenue Laws*. Le contrat d'affermage lie deux parties, le roi et les compagnies fermières; les devoirs et les droits de chacune de ces parties devront être précisés dans des cahiers des charges. Les documents réglementaires qui ont été groupés ici sont précisément les cahiers des charges[8] qui régiront divers contrats implicites d'affermage conclus entre le roi et les fermiers à la suite d'une adjudication. «Ces cahiers de charge, écrivais-je en 1952, énumèrent certaines obligations des fermiers, des fonctionnaires et des sujets du roi; ils prévoient des peines pour les infractions et les négligences. Ils définissent le revenu royal affermé, précisent le droit de contrôle et

[6] Les documents furent réunis dans les bureaux mêmes où ils avaient été collationnés et avaient servi de minute à des textes revisés des règlements. Du moins, le deuxième document porte-t-il à la col. 23, une note de revision de la même main et d'un contenu probablement semblable à la note de la col. 38. Sur les caractères bibliologiques des «*Revenue Laws*», voir mon article à paraître dans Chron. Eg. 53 (1978), fasc. 106.

[7] La première hypothèse me semble aujourd'hui la plus probable, bien qu'il soit peut-être hasardeux de faire la part entre le domaine officiel ou le domaine privé dès qu'Apollonios est impliqué dans le problème.

[8] Certains de ces textes s'ouvrent par la formule *πωλοῦμεν* suivie de l'objet de la ferme (col. 57 = 59; col. 73). Ils ne semblent pas différer par leur contenu d'autres sections qui ont seulement un intitulé objectif (par exemple: col. 80: *νόμος δεκάτης*) ou commencent par une date à titulature (cf. col. 1; vol. 24). Aux col. 57–59, le texte introduit par *πωλοῦμεν* figure sous le titre *διόρθωμα τοῦ νόμου ἐπὶ τῆι ἐλαικῆι*; cf. note 36.

les diverses activités de la ferme, révèlent les moyens mis en œuvre par le roi pour assurer le meilleur rendement des revenus garantis par la ferme et décrivent le recours éventuel à cette garantie ou, au contraire, l'abandon à la ferme des excédents de recette». En résumé, le roi décrit, dans chacun des cahiers des charges séparément, comment il va contraindre la ferme à remplir ses obligations et, en contrepartie, comment il va contraindre ses propres agents et ses contribuables à rendre la ferme aussi profitable que le roi l'a fait croire à l'annonce de l'adjudication. Telle est l'analyse de contenu que je proposais pour ces textes dans la réédition que je donnais de *Revenue Laws*, et cette analyse, fondée en partie sur l'analyse bibliologique de cet ensemble de documents, restait volontairement très en retrait sur certaines positions antérieures qui voyaient dans les Revenue Laws un essai de codification fiscale ou même de codification économique. Certes, le nom de *νόμοι τελωνικοί* qui, déjà en Grèce, est appliqué à de tels cahiers de charge, peut avoir suggéré l'idée que l'ensemble des documents réunis ici forme un code systématique comme le croit Rostovtzeff[9]. Mais, en fait, *νόμος* indique seulement que ces textes émanent de l'autorité politique ou royale et que chacun d'eux a une portée générale et permanente pour la matière qu'il traite. Et on ne peut passer sous silence que *τελωνικός* situe la volonté du législateur sur le plan de la fiscalité.

Une première mise en place de notre problème s'impose donc à ce stade de l'exposé. Comment situer les deux parties du contrat, le roi d'un côté et les compagnies fermières de l'autre, dans le contexte économique de l'Égypte au IIIe siècle avant J.-C., deux à trois générations après l'annexion de l'Égypte par Alexandre. Nous nous heurtons ici à une première difficulté. Rien ne nous permet de suivre avec précision l'évolution de l'administration macédonienne et de l'influence du pouvoir royal et des immigrés grecs sur l'économie égyptienne pendant ces premières générations de l'immigration gréco-macédonienne. Nous devinons comment Alexandrie s'est développée à la fois comme centre urbain, comme base du pouvoir royal et comme centre culturel. Nous pouvons supputer que le régime très superficiel de l'occupation militaire macédonienne s' est transformé progressivement en

[9] *A Large Estate in Egypt in the Third Century B. C.* (Madison, 1922), pp. 165–166. «The whole document seems to be an attempt at a codification of the rules which regulated those parts of the State economy which were organized as incomes of the State collected by tax farmers ... The ‹Codex› was published by the order of the King by the dioiketes Apollonius ... We may assume that Satyrus, the predecessor of Apollonius, was the author of the *Νόμος ἕκτης*, the law of the apomoira [= 2e document], and that Apollonius was the author of the codified *Νόμοι τελωνικοί* [=1er document] and of the *Νόμος ἐλαικῆς* [= 3e document].»

un régime d'administration civile et en un système d'implantation clérouchique[10]; pendant ce temps s'est organisé l'immense domaine terrien dont le roi macédonien, puis le premier Ptolémée, se sont vus dotés, rien que parce qu'ils étaient sur place les successeurs des anciens pharaons et des Achéménides. Nous avons de sérieuses raisons de croire que les noyaux grecs installés en Égypte avant Alexandre le Grand, particulièrement à Naucratis et à Memphis, ont mis à la disposition du conquérant et des nouveaux immigrés gréco-macédoniens leur connaissance de l'Égypte et des Égyptiens.

Même difficulté pour nous représenter l'état économique de l'Égypte à l'arrivée d'Alexandre et l'évolution socio-économique de la population égyptienne au début de l'époque hellénistique. Certes l'Égypte n'est plus dans sa totalité une société agricole dont la technique serait entièrement à l'âge du bronze. Le Delta et Memphis ont depuis longtemps des contacts avec les cultures perses et grecques, et, dès le IVe siècle, au moins dans le Delta, la présence de mercenaires payés en argent monnayé a dû faire naître des formes locales d'économie où la monnaie a un certain rôle. Nous pouvons probablement nous faire une image assez exacte de la société égyptienne et de son économie au IVe siècle grâce aux bas-reliefs à légendes du temple funéraire de Pétosiris à Hermopolis[11]. J'ai analysé ce document archéologique dans une étude récente[12]. En somme, il nous donne l'image d'une Égypte où l'aristocratie sacerdotale locale assume à la fois la gestion d'un domaine sacré complexe et étendu, et une part importante de l'administration civile du nome. L'oikos sacerdotale comporte essentiellement des exploitations agricoles étendues, mais aussi des productions artisanales, comme en relèvent également des maisons et des navires qui sont donnés en location. Issu, semble-t-il, d'un certain vide politique et administratif qui existe en Égypte depuis trois siècles, le grand domaine sacerdotal géré par un grand prêtre est l'image de la grande cellule socio-économique qu'a été et que restera le nome égyptien: un grand temple, le noyau urbain agglutiné autour de lui, la campagne et ses villages qui en dépendent. Cette cellule socio-

[10] Cette période s'éclairera progressivement par la publication des papyrus grecs du IVe siècle trouvés à Saqqarah et par une étude systématique des documents démotiques contemporains de Haute-Égypte. Pour un texte caractéristique de la première période d'occupation militaire macédonienne, voir le «Off limits» publié par E. G. Turner, *A Commander-in-Chief's Order from Saqqâra*. Journal of Egypt. Archael. 60 (1974), pp. 239–242, pl. LV. Cf. du même, *Four Obols a Day Men at Saqqâra*. Le Monde Grec. Hommages à Claire Préaux (Bruxelles, 1975), pp. 573–577.

[11] G. Lefebvre, *Le Tombeau de Petosiris* (3 vol., Le Caire, 1923–1924).

[12] *Économie grecque et société égyptienne au IIIe siècle*. Ptolemäer Symposion, Berlin 1976, sous presse.

économique sera reprise par les Ptolémées comme division administrative du pays[13]. Mais le nome subira de profondes modifications sous l'emprise du pouvoir royal; en effet, celui-ci va inverser la tutelle sur la terre arable, en reprenant la gestion de la terre royale et en contrôlant l'exploitation de la terre sacrée.

Dans le tableau d'une économie égyptienne où, face au clergé, réapparaît un pouvoir royal local bien organisé, la pratique de l'affermage des impôts suppose la présence d'un troisième volet: un potentiel économique mobile, fondé sur une économie monétaire, une classe d'hommes capables d'évaluer en argent le revenu royal qu'ils vont garantir, et capables de réunir le crédit nécessaire à cet effet. Nous devons nous garder de limiter ce phénomène à l'échelle d'une classe de grands capitalistes grecs. Il peut s'agir souvent d'opérations très modestes ou très localisées. Mais, de toutes façons, la ferme fiscale telle que les *Revenue Laws* l'ont décrite, comme l'existence des banques royales affermées qui lui sont étroitement associées, révèlent l'existence d'un potentiel économique grec relativement indépendant. Suivant les conceptions dirigistes que certains ont pu se faire de l'économie de l'Égypte, le roi l'aurait délibérément intégré dans son système d'exploitation du pays. Au contraire, comme je le crois, ce potentiel ne s'estil pas développé en Égypte à la faveur d'une situation où le pouvoir royal a dû laisser le champ libre à d'autres hommes que ses propres agents, ou, tout simplement, n'imaginait pas qu'il y eût d'autre moyen d'exploiter le pays qu'il possédait?

Ne résolvons pas ce choix et passons à l'analyse des quatre parties les mieux conservées du papyrus *Revenue Laws:*

a) le *νόμος*, à la fois règlement et cahier des charges, relatif à la ferme des impôts en argent (col. 1–22);
b) le *νόμος* relatif à l'*ἀπόμοιρα* sur le vin et le produit des vergers, un impôt versé soit en nature, soit en argent (col. 23–36);
c) la déclaration de mise en adjudication et le cahier des charges de l'*ἐλαική*, ce qu'on appelle le monopole des huiles (col. 38–72);
d) la déclaration de mise en adjudication de la ferme des banques et des recettes royales en argent (col. 73–78).

*
* *

13 Sur les origines égyptiennes du nome ptolémaïque et de sa métropole, cf. ma communication *Le milieu urbain dans la chôra égyptienne à l'époque ptolémaïque*, Proceed. XIV Intern. Congress of Papyrologists (Londres, 1975), pp. 367–373.

Le premier de ces documents (col. 1–22) concerne directement notre propos. C'est un document sur la nature duquel Rostovtzeff s'est fait illusion[14] lorsqu'il y a vu un texte général qui porte sur l'ensemble des fermes ptolémaïques. Si on veut voir dans les *Revenue Laws* un code systématique, on est fatalement amené à supposer, comme il le fait, un chapitre introductif exposant les règles communes à l'ensemble des matières traitées dans le code. Si on examine le texte en abandonnant ce préjugé et si on veut bien se souvenir qu'originellement ce texte n'était pas joint aux autres textes, les colonnes 1 à 22 prennent une tout autre signification. Le titre est malheureusement perdu, il est même possible qu'il n'y en ait jamais eu[15]. Mais il est évident que le document ne porte que sur un seul des domaines qui soient susceptibles d'être cédés à ferme[16], mais il est vrai que c'est le domaine le plus classique en matière de ferme: l'affermage des impôts payés en argent[17].

La première moitié de ce règlement (col. 1–15; première main) est fort mutilée; mais on voit qu'elle s'occupait des problèmes liés à la perception des impôts et à la constitution des sociétés fermières. On sait que le propre

[14] Cf. plus haut, n. 9.

[15] Dans la mesure où l'état de mutilation où elle nous est parvenue nous permet d'en juger, la première colonne commence par la date régnale (*βασιλεύοντος* etc.) qui figure aux lignes 1–4. C'est exactement ainsi que débute le deuxième règlement (col. 24). Au même titre que les données fournies par le support et par l'écriture, ceci montre d'ailleurs l'indépendance des deux règlements avant le collage «posthume» des deux documents. Les col. 1–22 ne pourraient jouer leur rôle de règlement général coiffant l'ensemble d'une législation fiscale ou économique, qu'en fonction de la place qu'on lui a réservée en réunissant les différents règlements particuliers bout à bout.

[16] Tout au plus une disposition a-t-elle pu suggérer que les col. 1–22 forment un préambule applicable à l'ensemble d'une législation sur les fermes. Elle se situe à la fin de la longue section sur les bilans partiels et finals (les col. 16–20, coiffées du titre *διαλογισμός*). En effet, on lit (20, 12): *[Δια]λογιζέσθωσαν δὲ πάντες κατὰ ταὐτὰ ὅσοι τι [τῶν βασιλ]ικῶν π[ωλ]ήσουσιν.* On peut comprendre (surtout si on accentue *κατὰ ταῦτα*) que les procédés comptables décrits plus haut seront généralisés à tous les autres revenus affermés, donc aussi aux impôts en nature transformés en argent et aux licences d'exploitation d'une activité économique; et ainsi les col. 1–22 pourraient apparaître comme un préambule général. Mais une telle interprétation n'a rien d'obligatoire. Ces deux lignes peuvent ne faire allusion qu'à la nécessité pour tous les fermiers d'impôt en argent de suivre les mêmes normes comptables. De plus, cette «généralisation», préambule à un «code», ne trouve aucun autre écho dans ce qui nous reste des vingt-deux premières colonnes.

[17] A première vue, l'expression *οἱ ἐν τῶι ἐμπορίωι λ[ο]γευταί* (9, 1–6) pourrait même suggérer l'idée que le premier texte ne se rapporte qu'à une taxe en argent bien particulière. Mais rien ne confirme la chose dans le reste du document. Le cahier des charges (*πωλοῦμεν*) d'*U.P.Z.* I 112 (203) envisage globalement les fermes des impôts en argent, mais prévoit des dispositions particulières pour certains d'entre eux. Notons que, dans le passage cité plus haut, l'expression *ἐν ἡμέραις δέκα* signifie «dans les dix jours» (qui suivent l'attribution de la ferme), et non pas «pendant dix jours» comme le propose U. WILCKEN, *Chrest.*, p. 299, note.

de cette perception, c'est d'être assurée en Égypte par les Recettes royales, tandis que la ferme est là pour fixer le montant de la taxe, contrôler la perception et la comptabilité et s'entendre dire si elle gagne ou perd. La deuxième moitié du règlement est au contraire mieux conservée. Elle se rapporte à l'établissement des bilans mensuels et du bilan général de la perception des impôts. Elle prévoit aussi les précautions à prendre quand des fermiers prennent plusieurs impôts à ferme, pour éviter la confusion des bilans, des profits et des pertes (col. 16–22). Ces procédures sont décrites en détail. Voici, par exemple, celles qui sont relatives au bilan général (18, 17–20, 10). A la fin du terme affermé, tous les membres de la compagnie fermière se présentent devant l'économe (qui est un fonctionnaire des finances) avant le 10e jour du mois suivant. L'économe établit le bilan général devant eux. Plaçant en évidence le montant de l'impôt pour lequel la ferme a été adjugée, il note au crédit du compte la recette de l'impôt, les créances fiscales qui doivent encore être recouvrées, et la différence éventuelle à combler par la ferme, ainsi que la part que chacun des responsables de la ferme doit assumer dans cette différence. D'autre part, au débit du compte fiscal, il indique ce que la ferme et ses cautions ont déjà payé, lorsque les bilans mensuels ont été débiteurs. Subsidiairement, on clarifie la situation de la compagnie fermière dans la ferme éventuelle d'autres impôts[18], et on établit le dispositif qui va permettre de percevoir les arriérés au cours du premier mois du terme suivant. Ainsi, dans les trente jours, le trésor royal et la compagnie fermière sont fixés: ou bien, la recette a été excédentaire, et la ferme perçoit le surplus; ou bien, il y a déficit de la recette fiscale, et la compagnie fermière et ses cautions (nous dirions sa compagnie d'assurance) doivent verser la différence au Trésor royal.

Ces fermes des impôts en argent, telles qu'elles sont décrites dans ce premier document et telles qu'elles apparaissent dans les nombreux documents de la pratique, sont une source d'étonnement et de réflexion. Tout le procédé est grec en tant qu'il est lié à une économie monétaire. Les impôts en argent, plus encore que le maniement de la monnaie, sont étrangers à l'économie égyptienne préhellénistique. Ce qui nous intéresse ici, c'est que le monde culturel et politique dans lequel est conçu le schéma nouveau de

[18] Col. 17, 15, il est fait allusion à la récupération par l'économe de bénéfices provisoires transférés prématurément à une autre ferme, déficitaire celle-là, appartenant aux mêmes affermataires. Je restituerais (malgré le manque de textes papyrologiques parallèles): *πρότερον δὲ ἐκ τοῦ αὐ[τομάτου ἀ]ποκαθιστάτω*, c'est «de sa propre initiative» (cf. Xén., *Anab.* 1, 3, 13) que l'économe peut procéder au rétablissement de la balance favorable de la première ferme. Il n'est pas exclu que la même expression ait figuré à la l. 8 de la même colonne, mais le contexte est trop mutilé pour décider.

la ferme, est grec même s'il se développe dans le cadre d'une royauté. Il y a transfert, Claire Préaux «se risquerait» à parler de «greffe»[19], d'une institution qui fonctionne en Grèce; il y a transfert d'une terminologie technique grecque, connue en grande partie par les inscriptions et par les orateurs. Il y a en même temps transfert d'une technique de comptabilité qui est née en Grèce dans une économie monétaire. Nous constatons aussi la complexité de certains mécanismes témoins de cette économie monétaire. Je signalerais par exemple, les associations financières qui permettent d'assumer des entreprises plus rémunératrices, en accédant à des niveaux où la concurrence est moindre. Ou encore, autre exemple, l'utilisation, grâce au système des cautions, de crédits aléatoires couverts par des cautionnements, mécanismes d'assurance qui doivent être rémunérés à leur tour. Tout ceci est familier à l'économie athénienne du IVe siècle.

Mais, transférée dans les cadres nouveaux d'une économie traditionnellement très différente, cette institution a subi une adaptation fondamentale qui relève du paradoxe: la perception de l'impôt n'est plus assurée par la compagnie fermière, alors que c'est son rôle en Grèce classique. La perception est du ressort exclusif d'agents royaux, à la fois au niveau de la direction des finances du nome avec l'*économe*, au niveau de l'inspection des finances, avec les *antigrapheis*, et au niveau de la perception locale, avec les *logeutai*, sans parler d'autres agents locaux[20]. Comme le dit Claire Préaux, on pourrait donc imaginer la fiscalité royale ptolémaïque fonctionnant sans la ferme, alors que celle-ci porte tout le poids de la perception à Athènes[21]. Pourquoi donc la maintenir? On a émis l'hypothèse que la ferme a été dotée d'une fonction nouvelle: celle d'une assurance au bénéfice du roi contre les risques fiscaux. Elle serait là pour protéger le Trésor contre les aléas fiscaux d'une société où l'économie monétaire est mal établie et où l'exécution sur le con-

[19] *Économie royale des Lagides* (Bruxelles, 1939), p. 450. Les pages 450–459 que Claire Préaux a consacrées à la ferme, à son rôle nouveau et à son apport au droit ptolémaïque, sont fondamentales pour le problème que je soulève ici. Cf. déjà U. Wilcken, *Grundz.* (1910) p. 182: «Wie auch andere griechische Einrichtungen, die damals nach Ägypten verpflanzt wurden, in der Luft des Absolutismus sich verändert haben, so auch die von der *πόλις* entnommene Steuerpacht», qui perçoit le phénomène du transfert, tout en situant la cause de l'évolution dans une vision politique, caractéristique de son temps, mais qui n'est plus acceptable.

[20] Un texte qui est antérieur de quelques années aux *Revenue Laws*, le *P. Hib.* I 29 verso (= W. *Chrest.* 259) a semblé attester la perception directe de l'impôt par le fermier et le versement par celui-ci de la recette à la banque royale. Entrevoit-on ici un état antérieur de la ferme fiscale en Égypte? On ne peut conclure, car le texte est lacunaire et, même s'il était assuré, pourrait décrire une situation particulière. D'autre part, nous ne pouvons être certains que ce règlement soit destiné à la chôra.

[21] *Économie*, p. 450.

tribuable défaillant est généralement sans effet rémunérateur pour le créancier[22]. Ce rôle est incontestable, mais il existait déjà en Grèce. Il est impensable que les premiers Ptolémées aient délibérément donné ce seul rôle et un rôle aussi restreint aux compagnies fermières. Celles-ci n'auraient pas survécu, soit que la rémunération effective d'un risque considérable encouru par le roi eût rapidement rendu l'entreprise inviable, soit que les compagnies fermières se fussent largement couvertes contre un tel risque au point de léser gravement le Trésor royal[23]. Rien ne prouve à mes yeux que cette institution grecque ait été délibérément et d'emblée remodelée en fonction du substrat économique nouveau où la fiscalité va s'appliquer.

Je reprends ici volontiers l'expression de «greffe d'institution» de Claire Préaux, pour parler de la transplantation de la ferme grecque du IVe siècle à l'Égypte des premiers Ptolémées. Mais je ne vois pas dans la transformation paradoxale subie par l'institution de la ferme, le résultat d'un choix des Ptolémées, mais bien au contraire le résidu de la dégradation naturelle d'une institution que, par la force des choses, on a associée à la tâche de percevoir des impôts dans un pays d'Orient fraîchement conquis, où il existe une longue tradition de perception directe des redevances et des tributs. Au départ, on n'a probablement pas songé, ou on n'a pas pu songer, qu'une autre formule pouvait être meilleure[24]. Je voudrais insister sur cette dernière remarque, parce que je crois que ce n'est là qu'une facette de la révision nécessaire de l'image que nous nous faisons d'une pensée royale hellénistique essentiellement créatrice et volontariste. Mais revenons-en au concret, au rôle des compagnies qui afferment les impôts en argent. Il est vrai, nous l'avons vu, elles ne procèdent pas à la perception proprement dite de l'impôt, effectuée par des fonctionnaires royaux. Mais les fermiers interviennent directement, et souvent seuls, dans la fixation ou l'estimation de la redevance à payer. Et, surtout les employés de la ferme, par leur présence, par leur

[22] Cf. Cl. Préaux, *Économie*, p. 451.

[23] Les oscillations conjoncturelles des offres des compagnies fermières étaient connues des Grecs. Voir, par exemple, Xénophon, *Revenus* IV 40; cf. Ph. Gauthier, *Un commentaire historique des Poroi de Xénophon* (1976), pp. 9–12; 172–173.

[24] La difficulté de sortir des schémas acquis est bien illustrée par le morceau de bravoure des *Revenus* de Xénophon, le grand projet d'exploitation publique des mines du Laurion (chap. IV), même si le développement purement rhétorique des problèmes ne lui donne guère d'autorité. Impressionné par les revenus des grands propriétaires de main-d'œuvre servile louée aux entrepreneurs miniers, l'auteur imagine simplement que la *polis* utilisera un impôt exceptionnel pour acquérir des masses d'esclaves et les donnera en location soit à des concessionnaires de mines, soit aux tribus, promues pour les besoins de la cause compagnies d'exploitation minière. Le tout fondé sur deux mythes: le caractère inépuisable des mines du Laurion, et l'innocuité, voire l'avantage, de sursaturer le marché de l'argent.

volonté de rendre la perception la plus rémunératrice possible, par le droit qu'ils ont d'empêcher la fraude, aident et contrôlent à tous les niveaux les organes royaux de perception. Ils participent activement à la gestion comptable de la ferme. Ainsi les fermiers, grands ou petits (n'oublions pas que les formules impressionnantes de nos règlements peuvent s'appliquer à de très petites entités fiscales), ainsi donc, les fermiers, grands ou petits, continuent à jouer une partie du rôle qui leur est imparti dans la ferme grecque, au niveau de la perception en plus du rôle d'assurance contre le risque fiscal qu'elles continuent à jouer. Le tout a paru suffisamment intéressant au roi pour que la ferme survive encore longtemps. Pourquoi la ferme grecque a-t-elle perdu en deux générations la perception matérielle des impôts? Nous ne connaissons pas la première phase de la fiscalité ptolémaïque. Mais, par analogie, on peut imaginer certaines des causes de la transformation de l'institution. Lorsqu'on étudie la mise en valeur du grand domaine d'Apollonios, le ministre des finances, telle qu'elle apparaît dans les archives de Zénon, on est frappé par la mobilisation permanente des agents royaux, même pour des broutilles, dans ce qui, à nos yeux de modernes, serait considéré comme une entreprise privée: l'explication courante est que le ministre abuse de sa position pour détourner à son bénéfice l'activité des fonctionnaires. Il y a là certainement une part de vérité, qui n'aurait probablement pas scandalisé les contemporains. Mais il y a d'autres raisons à ces interventions des agents royaux. L'économie en expansion de l'Égypte des premiers immigrants a exigé, par manque d'hommes, une mobilisation permanente et probablement assez anarchique de tous les Grecs là où ils pouvaient se trouver, et pour la besogne qui pouvait se présenter[25]. Et cela a dû être surtout vrai pour le seul réseau grec plus ou moins cohérent, plus ou moins complet de l'Égypte des pionniers, le réseau des fonctionnaires royaux. Le paradoxe de l'évolution de la ferme fiscale grecque en Égypte relève de la pression des situations de fait socio-politiques, et non, à mon sentiment, d'une théorie de l'organisation du pouvoir installé dans des conditions nouvelles. Pour user de formules qui ont le défaut d'être simplifiantes, j'ai le sentiment qu'on n'a pas imaginé un nouveau type de ferme qui fût destinée à s'intégrer dans un schéma voulu, mais que c'est l'inadéquation de la ferme au monde égyptien hellénistique qui a usé les mécanismes sans qu'on ait eu l'imagination nécessaire pour les refondre délibérément.

[25] Dans son étude *The International Organization of the Nomarch's Bureau in the Third Century B.C.*, Essays C. Bradford Welles (1966), pp. 213–230, A. E. Samuel a montré combien, par la force des choses, l'administration royale, par manque d'hommes, présente des discordances évidentes entre les tâches qu'on devrait accomplir et celles qu'on effectue vraiment.

L'inadéquation de la ferme classique aux mécanismes de la fiscalité lagide ne peut cependant être réduite à la seule manifestation d'un manque de pouvoir d'adaptation. Il y a aussi un problème de territorialité. L'action de la ferme classique est relativement ponctuelle, à la fois par, les limites géographiques de la Cité et la nature des taxes affermées. En Égypte, le nome apparaît comme l'unité territoriale à l'échelle de laquelle, le plus souvent, les services royaux et la ferme discutent, à l'adjudication comme au bilan final[26]. C'est l'unité qu'envisagent régulièrement nos règlements, et c'est ce qui explique qu'ils parlent régulièrement de la ferme comme d'une compagnie fermière avec ses associés et ses cautions. De maniement aisé au niveau de la métropole du nome, les fermes ne pouvaient, par manque d'hommes, être organisées pour chaque type d'impôts sur l'ensemble du nome sans devoir être aidées en permanence par les services royaux locaux. Par la nature des choses, la perception, qui exige plus de présence dans le milieu imposé, a dû être retirée ou ne put jamais être confiée à la ferme en Égypte.

*

* *

Je ne m'attarderai pas trop au deuxième document (col. 23–37), celui qui concerne la collecte de l'impôt d'1/6 sur les vignobles et sur les vergers destiné au culte d'Arsinoè Philadelphe[27]. En annexe au règlement figurent les circulaires par lesquelles en 263, en l'an 23[28], Ptolémée II avait ordonné que l'hektè payée aux temples fût affectée au culte qu'on y consacre à sa défunte soeur et épouse[29], et avait généralisé cette imposition à l'ensemble des vignobles, quel que fût leur statut[30], à l'exception de ceux qui se trouvaient en terre sacrée. Acte doublement concerté: il lie le développement des

[26] Certaines dispositions des *Revenue Laws*, par exemple, l'installation d'*ἀντιγραφεῖς* ou contrôleurs par les fermes de l'huile à Alexandrie et au Péluse pour surveiller le trafic d'huile syrien (54, 15–19), supposent même une association des fermes de plusieurs nomes sinon de tous.

[27] Sur les vignobles, leurs statuts très divers et leur fiscalité, Cl. Préaux, *Économie*, pp. 165–187.

[28] Col. 36–37 = M.-Th. Lenger, *Corpus des Ordonnances des Ptolémées* (Bruxelles, 1964), 17–18, pp. 26–31.

[29] En fait, *UPZ* I 156 montre qu'il y a eu imposition rétrospective de la récolte de l'an 22 (cf. *Rev. L.* 36, 7). La 2ème circulaire (nov.-déc. 263) prévoit un relevé des livraisons et paiements faits au temple au titre de l'apomoira des années 18 à 21, 22 ou 23 dans le triple but d'établir la liste des temples bénéficiaires et de ceux qui leur livraient l'apomoira (cf. 33, 19–20), de fixer a posteriori le montant de l'imposition pour l'an 22 (et peut-être l'an 23 aussi) et créer une documentation pour les services royaux et, subsidiairement, pour les futurs adjudicataires de la ferme de l'apomoira.

[30] Il existe un taux privilégié de 1/10 (col. 24, 5–10) pour les clérouques en campagne, pour autant qu'ils exploitent eux-mêmes leur klèros, ainsi que pour certaines terres de

cultes dynastiques à des redevances sacrées qui seront à la fois favorisées et contrôlées par le Roi; il canalise au profit du Trésor Royal l'accroissement de la recette lié à l'extension des vignobles en terres nouvelles. Ce qui nous intéresse dans cette réforme, c'est que très clairement ici le fait économique précède son exploitation fiscale et qu'il est lui-même le corollaire automatique de l'expansion grecque: elle crée des besoins de vin et se fait sur des terres où le vignoble est rentable et souvent seul rentable. On ne peut l'oublier en évaluant les mécanismes de perception et de transformation de la récolte qui, mutatis mutandis, se retrouvent dans ce qu'on appelle le monopole de l'huile.

En principe, les prémices (*ἀπόμοιρα*) de la vendage sont versées en vin, celles des produits du verger en argent. Le règlement de l'an 27, tel que nous le connaissons dans le deuxième document des *Revenue Laws,* révèle des interventions classiques de la ferme. Elle fixe l'impôt: pour le vin, dans le concret *ἐκ τοῦ μέτρου,* à la sortie du pressoir; pour les fruits et légumes, en vérifiant l'estimation que propose le producteur[31]. Mais la ferme n'est plus qu'un témoin dans la perception des taxes et dans le dispositif mis au point par les services royaux pour transformer la taxe en nature en sommes d'argent comptabilisables à la banque royale au compte de la ferme au même titre que l'impôt versé directement en argent. L'économe établit des entrepôts, s'arrange pour que des amphores soient à la disposition des vignerons en indemnisant ceux-ci pour l'achat des récipients (aux frais de la ferme) et veille à la vente du produit de la taxe en nature.

Ces dispositions ne sont pas créatrices de production. Elle ne font que traduire dans des mécanismes originaux un fait ancien: la réception et la réalisation des prémices en vin reçues par les temples; et un fait nouveau: le passage de la recette par la banque royale sous l'égide de la ferme. Celle-ci, comme en Grèce, doit assurer au Roi le minimum mensuel de recette qu'elle a garanti (col. 34, 4–6), et se voit attribuer en fin d'exercice le surplus éventuel ou imposer l'obligation de combler le déficit.

*
* *

Thébaïde, probablement des terres regagnées sur le désert par l'irrigation, et certaines terres d'un statut particulier qui nous échappe («celles qui sont gérées comme celle de Simaristos»). Il y a exemption de taxes pour les jeunes plants; elle n'est pas prévue dans ce qui nous est conservé du texte, mais apparaît dans d'autres documents comme *P. Col. Zen.* 13 (cf. *P. Cairo Zen.* 59236, non pour l'apomoira, mais pour l'épigraphè).

31 Col. 24, 11–13; 29, 2–21. – Le procédé de la *συντίμησις* et du paiement forfaitaire de l'apomoira semble s'être rapidement étendu à la taxe sur les vignobles; cf. Cl. Préaux, *Économie,* p. 177. Il ne semble pas qu'on puisse, comme le fait Grenfell, interpréter le tarif (mutilé) de la col. 31 comme une disposition prévoyant l'adaeratio pour l'apomoira sur le vin.

Le troisième document (col. 38–72) réglemente le «monopole» des huiles[32]. Il réunit des textes écrits par plusieurs mains, et, au moins pour la plus grande partie, a été l'objet d'une révision, source de modifications et d'additions[33], dans les bureaux du diécète Apollonios, le 10 Lôios an 27, soit le 31 août 259 (col. 38).

Ce règlement est le plus célèbre de la série, mais celui aussi qui a suscité, avec le plus d'intensité, l'hypothèse d'une économie volontariste, où expansion et répartition des productions sont conçues comme les objectifs de modifications délibérées du fait économique. La production de l'huile, élément important de l'alimentation et de l'éclairage, serait modelée et réalisée par le pouvoir royal au départ d'instances centralisées. Dans ce texte-là plus qu'ailleurs, pêchant par un certain modernisme, on a manié des notions aussi étrangères à l'économie antique et à l'homo antiquus que la «Nationalökonomie», l'«économie dirigée», voire «l'économie planifiée», qui ont été souvent utilisées pour définir l'économie ptolémaïque.

En fait, l'ἐλαική, le monopole des huiles, mérite-t-il cet excès d'honneur?

Bien que l'élaïkè se greffe par sa nature même sur une production agricole, le sésame et le ricin (κρότων), qui, on peut l'admettre, est en grande partie une production des terres du roi et des autres terres contrôlées par les services royaux, l'élaïkè reste essentiellement, à mes yeux, un organisme de nature fiscale[34]. Certes, les données socio-géographiques du problème, comme je le dirai, vont donner à l'entreprise une forme particulière. Mais, même si celle-ci présente des implications économiques indirectes, le règlement de l'élaïkè se situe au niveau de l'exploitation fiscale d'un produit de grande consommation et non à celui d'un remodelage réfléchi de la production, ni surtout à celui d'une politique délibérée de pression concertée sur le fait économique.

Pour l'élaïkè, nous possédons un cahier des charges complet, c'est-à-dire qu'en plus du règlement mis à jour en l'an 27 (col. 39–56), nous pouvons encore lire la proclamation «amendée» de la mise en adjudication de l'élaïkè en l'an 259 pour un terme de deux ans (col. 57–58 et 59–72)[35].

[32] Cf. Cl. Préaux, *Économie*, pp. 65–93.

[33] Elles figurent tantôt en surcharge ou dans l'interligne, tantôt dans les marges, tantôt même au dos du rouleau, avec à l'endroit à compléter la mention ἔξω ὅρα (col. 41, 13; 43, 2).

[34] Cf. déjà mon essai timide *Les colonnes 60–72 du P. Revenue Laws et l'aspect fiscal du monopole des huiles*. Chron. Ég. 21 (1946), nº 41, pp. 127–148.

[35] Elle figure en deux exemplaires, sauf pour les statistiques des ensemencements des terres placées sous l'autorité de l'administration agricole. Elles ne figurent qu'en annexe du second exemplaire du διόρθωμα, exemplaire collé a posteriori à la suite de la colonne 58.

Que nous apprend d'ailleurs ce dernier document présenté comme un *διόρθωμα* du règlement sur l'élaïkè[36]? Il nous annonce d'abord[37] qu'est cédée à ferme l'élaïkè de l'ensemble du plat pays (c'est-à-dire à l'exclusion d'Alexandrie) pour deux ans, et ceci en fonction d'un document préalablement rendu public, où l'on doit peut-être voir le tableau des superficies ensemencées d'oléagineux[38]. Vient ensuite un passage mutilé dans les deux exemplaires, où nous ne retrouvons qu'une allusion au *τέλος* d'1/4 sur le sésame et le ricin.

Les dispositions qui suivent sont d'un caractère trop technique pour que je les expose ici. Mais il s'en dégage deux principes.

a) Les statistiques que le Roi met à la disposition des adjudicataires ont un caractère indicatif. Mais, si, à l'expérience, il y a discordance entre les superficies promises et les superficies réellement ensemencées, les services royaux fourniront à la ferme du sésame ou du ricin récolté ailleurs, ou, à défaut de ceux-ci, de l'huile, y compris des huiles de qualité inférieure (avec une compensation financière, d'ordre comptable, dans ce dernier cas). Les aléas de la ferme de l'élaïkè portent donc moins sur la superficie plantée d'oléagineux que sur le rendement de la récolte et la teneur en huile de celle-ci[39].

36 Elles posent d'emblée le problème de la nature de ce diorthôma. S'agit-il d'une nouvelle version du règlement ou d'un amendement à certaines de ses dispositions? La première hypothèse semble exclue par le caractère restreint des mesures prévues par ce diorthôma. Il fait plutôt penser par sa structure aux amendements aux *νόμοι* athéniens tels que nous les connaissons, par exemple, par des textes aussi clairs que les amendements à la loi sur la monnaie (375/4; *Hesperia 43*, 1974, pp. 157–158) ou ceux à la loi sur la tyrannie (337/6; *SEG* XII 87). On commence par y rappeler l'article général qui est complété (ll. 3–8 pour le 1er texte; ll. 7–11 pour le 2d texte), puis on fait connaître les nouvelles dispositions. Dans ces textes, comme dans nos colonnes 57–58 = 59–60, on est frappé par la différence entre le caractère fondamental du début du texte et l'allure à la fois technique et spécifique de la suite. Ou bien la formule *πωλοῦμεν* etc. reprend le début de la proclamation générale de la mise en adjudication de l'élaïkè, ou bien elle renvoie dans ses lignes perdues au texte plus général. Le document qui est dit *ἐκκείμενον* dans 57, 5 = 59, 5 (voit note suivante) est peut-être ce document, s'il n'est pas, comme je serais tenté de le croire, le relevé des superficies prévues pour l'année en cours. La lacune qui dépare le début de 57 = 59 grève d'une manière particulièrement fâcheuse l'interprétation qu'on peut se faire du contrat d'affermage de l'élaïkè.

37 Voici le passage restauré en combinant les deux versions (57, 1–5 et 59, 1–5): *Διόρθωμα το[ῦ νόμου ἐ]πὶ τῆι ἐλαικῆι. Πωλοῦμεν τὴν ἐλαικὴν τ[ὴν κατὰ] τὴγ χώραν ἀπὸ μηνὸς Γορπιαίου τοῦ [κζ (ἔτους)? Αἰγ]υπτίων Μεσορὴ εἰς ἔτη β κατ[ὰ τὸ ἔκθεμα?] τὸ ἐκκείμενον* [– –

38 Voir cependant sur ce point les réserves émises à la fin de la note 36.

39 Le surplus d'une production exceptionnellement abondante est inscrit au bénéfice du Trésor. Cette disposition (58, 8–9 = 60, 15–17) fait également partie de l'amendement et semble aussi être une mesure tendant à diminuer le caractère aléatoire du contrat d'affermage, mais cette fois au détriment de la compagnie fermière. On ne peut cependant établir la véritable portée de cette disposition.

b) Il est fait constamment référence à l'impôt sur le sésame et sur le ricin. Même si, en réalité, pour la ferme, les transferts de nome à nome et le calcul du montant de l'impôt représentent surtout des complications au niveau du contrôle et des écritures comptables, la mention privilégiée de cet impôt montre que l'élaïkè reste un organisme fiscal et, dans l'esprit du législateur, n'a pas évolué en un organisme économique.

Dans ses grandes lignes, mais dans ses grandes lignes seulement, le traitement de l'*élaïkè* rappelle celui de l'apomoira sur le vin. Ici aussi, au départ, la ferme porte sur un impôt en nature, le *τέλος* sur la production de deux oléagineux, le sésame et le ricin (col. 39, 13–18). Ici aussi la ferme est mise en possession de statistiques de plantation, base de l'adjudication; ici encore la récolte devra être transformée et vendue à la diligence des services royaux, mais aux frais ou au moins au débit du compte bancaire de la ferme (cf. col. 54, 20–55, 14), qui a un droit de regard sur toutes les opérations. Ici aussi, enfin, la balance déficitaire ou bénéficiaire de la ferme est établie au départ des recettes en argent de la vente au détail du produit (col. 55, 1).

Mais tout est plus complexe dès qu'il s'agit d'oléagineux ou d'huile. Cela est dû partiellement aux différences profondes qui existent entre la production du vin et celle de l'huile. Les superficies de sésame et de ricin semblent être beaucoup plus étendues; elles sont inégalement répandues en Égypte, ce qui est aussi le cas des vignobles, mais elles semblent moins liées aux implantations grecques, et, surtout, moins facilement contrôlables que les vignobles, plantations stables à croissance lente. Le traitement du raisin se fait près du vignoble et relativement vite après la vendange. La fabrication de l'huile est moins immédiate dans le temps comme dans l'espace, elle est plus coûteuse, un peu plus compliquée et est assurée par des spécialistes, les *ἐλαιουργοί*. Le commerce du vin semble libre; la concession de la vente au détail de l'huile est réglementée. Cette réglementation pose d'ailleurs un problème très particulier aux services royaux qui doivent approvisionner ce commerce de détail: les zones de production sont limitées à certains nomes, elles doivent pourtant alimenter la distribution dans tous les nomes et à Alexandrie. Si le nome est l'unité territoriale pour le fisc et pour la ferme, c'est la recette à la vente dans tous les nomes qui forme la base comptable du décompte final.

Et, différence fondamentale, le commerce en détail de l'huile étant concédé[40], il faut d'abord que l'État approvisionne ses concessionnaires suivant ses engagements (alors qu'il se contentait de se débarrasser par toutes voies

[40] Cf. Cl. Préaux, *Économie*, pp. 81–90, dont nous ne suivons pas l'interprétation des mobiles du Roi dans les variations du prix de l'huile.

utiles du vin de l'apomoira); ensuite cette concession portant sur toute l'huile, et non pas sur celle de l'impôt de 25% en nature, il faut trouver ici aussi un sort commun à l'assiette limitée de l'impôt en nature, et à l'assiette totale de la production à livrer à la consommation.

Le règlement de l'an 27, avec les nombreux amendements que trahissent les corrections[41], montre que le mécanisme fiscal que nous appelons le monopole de l'huile est encore en cours d'organisation. On a cherché une solution au problème du manque de concordance qui existe sur le plan géographique entre les zones de production et les zones de consommation (col. 41 et 43; cf. col. 60–72); on a modifié les prix; on étend les dispositions relatives aux huiles de qualité inférieure; on améliore la surveillance et la taxation des huiles importées de l'étranger. Mais il s'agit de retouches mineures. L'essentiel du dispositif existe avant l'an 27. Certains détails, comme l'utilisation du procédé de l'estimation préalable (qu'il s'agisse de la récolte sur pied, ou des contingents de vente au détail), un procédé typiquement grec[42], révèlent dans ce texte plus ancien un certain degré d'évolution d'un projet initial. Mais nous ne pouvons guère évaluer cette évolution, car, contrairement à ce qui se passe pour l'apomoira, nous ne pouvons pas imaginer ce qu'était à l'origine cet impôt du quart sur les récoltes de sésame et de ricin. Une redevance traditionnelle? une innovation de Ptolémée I Sôter ou de Ptolémée II Philadelphe?

D'emblée, nous verrons que les réponses données aux difficultés et contradictions signalées plus haut se caractérisent dès avant l'an 27:

a) par la généralisation de l'intervention de la ferme et des services royaux à l'ensemble de la récolte des oléagineux, et non pas aux seuls produits remis comme impôt en nature[43].
b) par le contrôle de l'ensemble de la fabrication et de la distribution de l'huile.

[41] Voir note 33.

[42] Le procédé de la *σύντιμησις* ou évaluation concertée de la récolte sur pied par les trois parties en cause (production, ferme, administration) (col. 42, 11–20) fait à première vue double emploi avec le calcul de la taxe dans le concret au moment de la récolte (col. 39, 13–18). Mais la *συντίμησις* ne semble pas, dans ce règlement-ci, servir de base à la fixation du montant de la taxe. Peut-être ne s'agit-il que d'un moyen d'éviter des détournements ultérieurs d'une partie de la récolte. Sur l'opposition (qui peut aller jusqu'à l'incident) qui sépare la mentalité du Grec, familier de l'évaluation de la récolte sur pied, et celle du paysan égyptien, qui tient au procédé concret de la fixation sur l'aire de la part de chacun et du Roi, cf. mon article: *Grecs et Égyptiens PSI 502*, dans Proceedings of the Twelfth International Congress of Papyrology (Toronto, 1970), pp. 35–40.

[43] La généralisation semble même aller plus loin. Les catégories privilégiées de producteurs, comme les *ἀτελεῖς* ou les détenteurs de dôréai, doivent aussi livrer leur récolte de

En d'autres termes, par une dimension nettement élargie de l'action des instances intéressées, on sort du strict aspect fiscal de l'entreprise pour aborder le niveau de l'exploitation massive et protégée d'une activité économique. Jusqu'à quel point dépasse-t-on ici la gestion traditionnelle d'un fait économique et s'est-on créé un outil d'expansion économique?

Cependant l'impôt n'est pas un simple jeu d'écriture dans le bilan final de la ferme. Nous avons vu plus haut que le texte amendé de la proclamation d'adjudication pour l'an 27 (col. 57–60) et la documentation statistique qui l'accompagne (col. 60–72) portent fondamentalement sur le *τέλος* de sésame et du ricin[44].

Premier niveau: toute *la production des graines oléagineuses* doit être vendue par les producteurs à la ferme, en même temps que lui est remise par ces mêmes producteurs la taxe de 25% en nature sur le sésame et le ricin, soit un quart de la production[45]. Le règlement ne prévoit que quelques exceptions mineures à la règle: par exemple, les grines conservées pour les semailles pour certaines catégories de terres, les graines de sésame des terres sacrées destinées à la production dans le temple de l'huile réservée à sa propre consommation. Sauf ces exceptions, toute la récolte des oléagineux est aussitôt séquestrée dans des entrepôts scellés. Tout détournement frauduleux de graines oléagineuses est sévèrement réprimé, comme l'est toute négligence des fonctionnaires rendus responsables de la bonne exécution des prescriptions royales[46].

Deuxième niveau: on arrête une série de dispositions relatives à la *fabrication de l'huile*[47]. Elles sont de deux ordres: d'une part, l'administration royale

sésame et de ricin. Comme ils en reçoivent un prix moindre (6 dr. l'artabe au lieu de 8 dr.), tout se passe comme si, eux aussi, paient la *τετάρτη*. J. W. Wickersham, *Bull. Amer. Soc. of Papyrol.* 7 (1970), p. 45, n. 2, a repris le problème de ces deux prix en constatant qu'en recevant huit drachmes pour une artabe et en en livrant un quart en plus comme impôt, le paysan reçoit en fait 6,4 dr. net par artabe, impôt compris. Le calcul est exact et suit à la lettre la formulation assez laborieuse (un impôt en nature défini à la grecque en argent!) de la col. 39, 13–18; il révélerait une situation plus privilégiée pour le manant que ... pour le privilégié. La comparaison des deux tarifs me fait croire que le calcul de l'impôt est inclusif et se situe au niveau concret du paysan égyptien: trois mesures à payer, une mesure pour l'impôt, ce qui nous ramène à une moyenne de 6 dr. par artabe, comme le croyait déjà Grenfell.

[44] Ce *τέλος* n'apparaît plus dans les nombreuses sources ultérieures relatives à la produc tion, à la fabrication ou à la distribution des produits oléagineux.

[45] Col. 39–40, 8; 42, 3–43, 19.

[46] Y compris de la réalité des ensemencements prévus à la *diagraphè tou sporou* (voir plus loin, p. 25); cf. col. 41, 3–13; 43, 3–10.

[47] Col. 44–47, 9; 49, 1–50, 5; 50, 20–51, 19; 56, 19–21. Cf. Cl. Préaux, *Économie*, pp. 73–81, et *P. Tebt.* III 703, 140–158.

s'engage à prévoir un certain nombre d'huileries, de les pourvoir en main d'œuvre, outillage et matière première; d'autre part, elle devra empêcher que la mauvaise organisation du travail, la fuite des ouvriers huiliers, l'accès de tiers à l'outillage, ne compromettent le rendement des huileries et ne facilitent des fabrications clandestines. Dans le même esprit, on limite drastiquement l'importation à titre personnel d'huile en provenance d'autres nomes ou d'Alexandrie, ou en provenance de l'étranger via Alexandrie, ou en provenance de l'étranger via Alexandrie ou le Péluse[48]. En fait, le stade «fabrication» n'intéresse la ferme que d'une manière indirecte et à deux points de vue: il la protège d'une mévente par carence de fabrication ou par concurrence illicite, et il permet de calculer une prime de fabrication due à la ferme. Aussi les *Revenue Laws* ne décrivent-ils que partiellement l'organisation de cette fabrication. Ici, mieux qu'ailleurs, apparaît le caractère limité de l'objectif poursuivi par notre document. Il ne s'agit pas d'un code d'une industrie royale des produits oléagineux.

Troisième niveau: on prévoit le passage de l'huile vers le *commerce des huiles,* soit les grossistes, soit les détaillants des chefs-lieux de nome ou des villages[49]. L'organisation et le contrôle de ces opérations relèvent ici encore de la responsabilité des fonctionnaires royaux. Au monopole de l'achat des graines oléagineuses dévolu à la ferme correspond au bout du cycle un commerce de détail sous licence. Peut-être suivant une formule que nous connaissons bien pour la brasserie ou le blanchissage, par exemple, devait-il fréquemment réunir, du moins à la campagne, le couple d'un homme de métier, égyptien le plus souvent, et d'un petit concessionnaire qui prenait sur lui le risque (d'ailleurs rémunéré) de s'engager à écouler un certain contingent d'huile. Répétons-le, c'est l'obligation assumée par la ferme de couvrir la transformation de l'impôt en produit vendu, qui fait qu'entre le premier et le quatrième niveau, le règlement décrit certains problèmes liés à la fabrication et à la vente: la ferme n'y est pas activement impliquée, mais elle y a de gros intérêts. L'État s'engage à les protéger au niveau de la vente aussi. Il le fait d'autant plus facilement qu'il lui faut contrôler à son profit les innombrables prélèvements fiscaux qui frappent l' artisanat, le commerce de détail et les produits de consommation.

Quatrième niveau: on procède avec les fermiers de l'élaïkè, mensuellement d'abord, ensuite en fin d'exercice à l'*établissement de la balance de l'exploita-*

[48] Col. 52, 7–53, 3; 54, 6–19.
[49] Col. 40, 9–20 (prescriptions qui font partie d'un préambule du règlement sur l'élaïkè, les col. 39 et 40).

tion, y compris l'évaluation des surplus invendus, et des rémunérations forfaitaires prévues pour les fermiers en fonction de la production[50].

Malgré le caractère très schématique que j'ai donné à cette description, on devine la complexité de l'entreprise. Du moins, sa complexité apparente. Car, certaines opérations, particulièrement tout ce qui concerne la transformation de l'impôt en nature, sont en partie des jeux d'écriture. D'autre part, ici encore, nous devons faire la part des choses et nous dire que ce schéma s'applique en partie à des opérations quantitativement très humbles, une petite culture de village, une petite huilerie d'arrière-boutique. Mais on comprend que, dans un effort de théorisation, les historiens aient pu traduire une telle construction par des formules aussi malheureusement modernistes que «industrie nationalisée» ou «planifiée», ou aient pu y déceler la volonté royale de créer des structures de production destinées à réaliser l'autarcie du royaume en matières d'oléagineuses et à exploiter au maximum la consommation locale autrement que par la fiscalité.

On perçoit aisément quels sont les aspects du règlement de l'élaïkè qui ont le plus facilement suggéré aux historiens modernes un stade d'économie dirigée, voire planifiée, qui dépasse des notions aussi traditionnelles en Grèce que les ressources à trouver dans l'impôt, ou que les modes de gestion empiriques d'un immense domaine royal propres à l'Orient.

Le premier de ces aspects, et celui qui se situe facilement très près de l'idée d'économie «planifiée» (c'est-à-dire une économie qui va au delà de la direction autoritaire du domaine royal), c'est la *διαγραφὴ τοῦ σπόρου*, le *relevé des ensemencements*. Le papyrus des *Revenue Laws* fait allusion deux fois à ce document. D'autre part, la proclamation d'adjudication des col. 59/60 porte en annexe un relevé récapitulatif, nome par nome, des ensemencements de sésame et de ricin, et prévoit des contingents destinés à être exportés vers d'autres nomes.

Ce relevé, les *προκηρυχθεῖσαι ἄρουραι ἐν ἑκάστωι νομῶι*, c'est-à-dire les superficies proclamées avant l'adjudication pour chaque nome, est certainement le récapitulatif de la diagraphè tou sporou établie nome par nome pour le sésame et le ricin, et ce, pour les terres qui sont soumises à la diagraphè, probablement les terres royales et les terres sacrées. La nature de la diagraphè tou sporou a été l'objet d'une importante controverse qui est au

[50] Col. 54, 20–55, 14. Cf. col. 53, 12–26. – Pour une tentative d'évaluation des profits de la ferme considérés comme constitués essentiellement par l'indemnisation au titre des frais de fabrication (45, 6), voir J. M. Wickersham, *The Financial Prospects of Ptolemaic Oilmen.* Bull. Amer. Soc. of Papyrol. 7 (1970), pp. 45–51. Il n'y est peut-être pas assez tenu compte de notre ignorance du coût total des opérations couvertes par la ferme. L'indemnisation susdite ne m'apparaît que comme un des éléments qui permettent à la compagnie fermière de faire offre lors de l'adjudication de l'élaïkè.

coeur même de notre évaluation de la «pensée économique» des Lagides. Pour les savants qui ont admis que cette diagraphè était conçue à Alexandrie en fonction de besoins préétablis, ce mot est lié le plus souvent à l'idée d'une production dirigée ou nationalisée et centralisée. Ce serait le départ d'un processus planifié *production / fabrication / vente* avec prévision et manipulation de la consommation. Les bureaux d'Alexandrie, en fonction d'une réflexion préalable sur certains impératifs économiques, calculeraient les superficies d'oléagineux requises et les répartiraient parmi les nomes producteurs. Les instructions seraient dirigées vers les administrations locales qui veilleraient à l'exécution des directives centrales. Cette interprétation «centrifuge» de la diagraphè a été ruinée par l'apparition de documents de la pratique, particulièrement le *P. Yale* inv. 1647[51], qui montrent que la diagraphè tou sporou est élaborée au niveau du nome par les services locaux. Pierre Vidal-Naquet a consacré il y a dix ans une monographie à cette notion qu'il a fort bien clarifiée[52]. La diagraphè tou sporou selon lui, est un bordereau détaillant les obligations des paysans et des villages en matière d'ensemencement. La diagraphè est établie avant les semailles et n'est donc pas un simple état descriptif des plantations. Elle est élaborée par l'administration locale et est contraignante, au moins en théorie, pour le tenancier de la terre.

Suivant un procédé inverse de celui qu'on imaginait, la diagraphè, remonte de la campagne vers Alexandrie où les services des finances peuvent fournir aux candidats-affermataires avant l'adjudication un tableau des superficies ensemencées, car ces données sont indispensables pour prendre à ferme l'élaïkè d'un nome. J'irais plus loin dans l'analyse de la diagraphè comme type d'intervention économique[53]. Il faut y retrouver, au moins en partie, la démarche traditionnelle de la gestion du domaine royal[54], un domaine

[51] C. B. Welles – J. A. S. Evans, Journal of Juristic Papyrology 7–8 (1953–4), pp. 35–41 (= *SB.* VI 9257). Arsinoite, 232. – Réédité comme *P. Yale* I 36, pp. 104–106, pl. X.

[52] *Le Bordereau d'ensemencement dans l'Égypte ptolémaïque* (Papyrologica Bruxellensia 5, 1967).

[53] Le regretté N. N. Pikous se refusait aussi à voir dans la diagraphè tou sporou un argument en faveur de l'existence chez les Lagides d'une économie planificatrice, *Agriculteurs royaux (producteurs immédiats) et artisans dans l'Égypte du IIIe siècle avant notre ère* (Moscou, 1969). Cf. le compte rendu de H. Heinen, Chronique d'Égypte 45 (1970), n° 89, pp. 186–188.

[54] Je rejoins ici le sentiment de N. N. Pikous (voir note précédente), dont je citerais, d'après la traduction de H. Heinen, loc. cit., p. 188: «les éléments de planification que l'on pourrait déduire du contenu de certains papyrus d'affaires reflètent tout simplement la situation générale dans laquelle se trouvait de tout temps tout propriétaire qui essayait de mettre à profit son lot de terre aussi rationnellement qu'il pouvait de son point de vue et selon les conditions objectives de ses possibilités. C'était le même but que visaient les efforts du gouvernement ptolémaïque sur les terres qui relevaient de son contrôle immédiat.»

étendu ici à la quasi-totalité des terres arables, les terres royales et probablement les terres sacrées du nome sur lesquelles porte vraisemblablement la diagraphè tou sporou. Le fait que le roi reste maître dans ce domaine du choix des récoltes n'est pas un développement nouveau, ni surtout un apport théorique du pouvoir grec. Il relève même moins des relations normales du propriétaire et de son tenancier que de la vieille pratique du domaine extensif oriental. A ce titre bien entendu, le roi a pu avoir une politique d'ensemencements préférentiels[55], mais ce choix est conditionné en grande partie par des opportunités et des traditions locales. Rien ne prouve qu'il relève en tous cas d'une volonté venant d'Alexandrie, ou d'une pensée économique créatrice, qui dépasse l'empirisme de la gestion agricole de la Grèce classique ou de l'Orient pré-hellénistique.

D'autres traits de l'élaïkè, à des titres moindres, ont contribué à faire quelquefois du monopole des huiles le témoin d'une économie planifiée ou étatisée. Il s'agit, par exemple, du maniement par le roi des prix des graines et des huiles. En effet, certains salaires et indemnités et certains prix ont été modifiés dans notre texte pour l'année nouvelle. L'abaissement des indemnités prévues pour les artisans huiliers et pour la compagnie fermière (col. 45, 2–6), les modifications des prix pour les stocks à reprendre à la fin de la ferme (col. 53, 12–17) ou pour les livraisons destinées à Alexandrie (col. 53, 18–26), n'ont pas de signification économique. Les premières modifications sont liées en partie au changement de régime du calcul des indemnités de la ferme et des salaires: en effet, elles seront fixées d'après la production de l'huile, et non plus d'après la vente de l'huile. Les autres sont de simples modifications d'ordre comptable des rapports entre les masses financières à imputer à la compagnie fermière ou au Trésor dans le bilan final. C'est un problème financier et non un problème économique, même si la réforme tend à accroître la marge bénéficiaire du Trésor sur la vente de l'huile. Plus de poids pourrait être donné à la hausse du prix de vente du kiki, l'huile de ricin, de 30 drachmes le métrète à 48 drachmes, soit le prix de l'huile de sésame (col. 40, 9–13). Cette hausse semble d'autant plus significative qu'elle est anormale, puisque les deux huiles ne sont pas de même qualité. Mais, il faut noter que cette égalité de prix existait déjà à Alexandrie

[55] Il ne faudrait point tomber dans l'excès qui consisterait à nier chez le roi et ses conseillers une volonté de créer, de renouveler, de rationaliser ou d'adapter leur effort de lucre au milieu. On connaît le beau dossier des quatre lettres d'Apollonios du 27 décembre 256 (*P. Cairo Zen.* 59155 à 59158), où figurent, entre autres, la suggestion royale, qui est un ordre pour Apollonios, de pratiquer la double récolte du blé, et l'injonction d'Apollonios de planter des résineux qui seront «utiles pour le roi». Certes, il y a créativité dans la gestion, mais le niveau *quantitatif* de l'exécution est étranger à une économie planifiée.

(col. 40, 14–20), et que dès lors, on hésite à lui donner une interprétation. En fait, rien ne prouve que ces modifications soient le fait d'une méditation systématique d'ordre économique ou qu'elles soient dues à la volonté d'influencer d'une manière prospective le marché des oléagineux par les prix. Il peut s'agir de simples corrections, d'adaptions, qui relèvent de l'empirisme et de la familiarité que chaque producteur agricole avait du marché. Les produits agricoles ont toujours connu des variations de prix conjoncturelles. Celles-ci ont été source de spéculation, sans que nous puissions ni dire qu'une telle spéculation relève de la science économique, ni que les variations des prix dans les *Revenue Laws* puissent systématiquement être expliquées par la spéculation royale ou la volonté du roi de modifier le marché. Enfin, ces modifications ne sont peut-être aussi, surtout les premières, que des rectifications appelées par les défectuosités des règlements fermiers antérieurs. Celles-ci ont pu être révélées par les offres insuffisantes des compagnies fermières, ou par leurs bénéfices exagérés, ou encore par des déficits trop fréquents de celles-ci, déficits qui ne pouvaient qu'inquiéter le Trésor: une longue expérience grecque jouait ici[56]. De même que les compagnies fermières réajustaient leurs offres, le Trésor devait aussi ajuster les conditions d'adjudication du marché fiscal.

De même, le statut des artisans huiliers ou *ἐλαιουργοί* a été source de réflexions. On sait que ceux-ci doivent travailler et ne peuvent travailler que dans leur propre circonscription, dans leur propre nome. Je ne m'y attarderai guère car la fabrication de l'huile est en fait une activité étrangère à la ferme, même s'il est utile et prudent que celle-ci la suive de près. Que sont vraiment ces elaiourgoi? Sont-ils le résidu de ces artisanats familiaux indigènes que l'intrusion de l'économie monétaire grecque a dû affaiblir? Rien ne permet de l'affirmer. Font-ils, au contraire, partie de ce sous-prolétariat que sont dans l'antiquité les travailleurs agricoles temporaires? Représentent-ils des équipes errantes qu'on fixe quelques jours? Ou bien sont-ce de petits patrons avec leur personnel? Quoi qu'il en soit, leur embauche comme elaiourgoi les introduit dans une certaine structure contrôlée[57]: ils sont des elaiourgoi du nome, il leur est interdit de travailler dans un autre nome, et ceux qui les accueilleraient pourraient être arrêtés (col. 44, 8–18). C'est là bien entendu que leur statut a retenu le plus l'attention; encore est-ce sur le plan social et sur celui du droit, qui ne sont pas notre propos, plutôt que

[56] Cf. note 23.

[57] Ils sont dits *ἐν ἑκάστωι νομῶι καταταχθέντας* (44, 8–9), verbe qui implique à la fois l'idée de la catégorie et celle d'une affectation particulière. *P. Hib.* I 43, un peu plus ancien que notre version amendée du règlement de l'élaïkè, atteste que les *elaiourgoi* forment un groupe aisément mobilisable par les services agricoles du nome.

sur celui du niveau économique de l'Égypte. En effet, nous connaissons cette contrainte pour d'autres types de travailleurs égyptiens, comme par exemple, les *apiculteurs*. Bien que ceux-ci pratiquent une activité économique importante où l'emprise royale est essentiellement fiscale et où on ne peut parler de monopole[58], bien qu'ils soient libres, ils relèvent d'un compagnonnage mal défini au niveau du nome[59] et se font arrêter et refouler d'un nome voisin s'ils s'y rendent avec leurs ruches[60]. Rien ne permet de présumer un lien, héréditaire ou autre, à la tâche ou à l'endroit, qui sortît d'un engagement personnel. Et, dans la société rurale de l'Égypte, l'entité «elaiourgoi» ne représente-t-elle pas une situation de fait plutôt qu'une situation de droit? Ce qui explique l'interdiction faite à l'elaiourgos de travailler dans un autre nome que celui où il s'est engagé à exercer son activité, c'est que le nome forme une unité fiscale autant qu'une unité administrative, couverte par ses propres fermes et ses propres contrats d'entreprise. L'apiculteur qui quitte le nome, l'elaiourgos qui le déserte, abandonnent la structure royale qui les exploite à divers titres, et causent des pertes aux fermes fiscales qu'ils sont censés aider dans la réalisation du contrat d'affermage. Mais rien ne permet de croire que la création de leur statut date de l'introduction de la ferme fiscale dans le circuit économique égyptien. Nous devinons par les analogies que nous trouvons chez les artisans huilers, chez les apiculteurs, et peut-être chez les éleveurs d'oie[61], que leur statut est traditionnel comme le nome est un emprunt au passé. C'est tout naturellement que ferme et structures artisanales égyptiennes se trouvent confrontées dans le texte là où le Roi doit donner à la ferme la garantie que les graines seront transformées en temps utile.

Le monopole des huiles apparaît, comme je l'écrivais déjà en 1949, comme un nouvel exemple d'emprunt d'institutions: le transfert en milieu nouveau d'une ferme de type classique. Mais, sous une double contrainte (due aux conditions de la culture des oléagineux en Égypte), assurer la transformation de l'impôt en nature et éviter la fabrication et la vente de l'huile au départ de graines non déclarées, la ferme fiscale a évolué plus profondément que dans le cas d'un autre impôt nature, l'*apomoira*. Elle s'est vue en effet dotée par le roi de moyens de protection tellement importants (comme

58 Cf. Cl. Préaux, *Économie*, pp. 233–238; R. D. Sullivan, *A Petition of Beekeepers*, Bull. Amer. Soc. of Papyrol 10 (1973), pp. 5–14; *P. Lond.* VII 1977 (253), ainsi que mon article cité à la note 12.

59 Dans *P. Cairo Zen.* III 59467, les apiculteurs forment un groupe organisé se désignant comme *οἱ ἐκ τοῦ Ἀρσινοίτου νομοῦ*. – Le relevé *P. Tebt.* III 853, 26 (vers 173) révèle l'existence à Crocodilopolis d'un *ἱερὸν τῶν μελισσουργῶν*.

60 Cf. *P. Cairo Zen.* III 59368.

61 *BGU.* VI 1212, D = *C. Ord. Ptol.* 83 (221–205), malgré sa mutilation, indique pour les éleveurs d'oies un statut qui présente des affinités avec celui des *elaiourgoi*, sans qu'il y ait d'ailleurs mention d'une limitation géographique au droit d'exercer leur profession.

l'achat de toute la récolte ou la suppression de la fabrication non surveillée) que la structure économique de la production et de la vente de l'huile en ont subi les conséquences. Mais il serait difficile de croire que les dispositions pratiques liées à la perception des revenus de la cité classique, qu'il s'agisse des impôts ou des concessions minières, n'ont pas elles aussi influé sur les aspects purement économiques des matières qu'elles visaient. Ce qui a suscité l'idée que le «monopole» de l'huile était un prototype d'économie d'État (relevé systématique ou même imposition des cultures, concentration des récoltes, organisation de la fabrication et de la distribution, manipulation des prix) finit par apparaître comme une série d'aspects adventices de l'adaptation difficile de la ferme fiscale à une culture extensive de type oriental, si ce n'est déjà en raison de l'ampleur du domaine royal et des terres qu'il contrôle directement.

*
* *

Le quatrième document qui nous soit parvenu dans cet ensemble est celui qui concerne la *concession à ferme des banques royales*[62]. Elles sont les organes où les revenus royaux en argent sont reçus, inscrits au compte des fermes fiscales, comptabilisés et éventuellement dépensés sur ordre des services royaux. La concession, qui permet de disposer des recettes royales, porte aussi sur le change et le commerce de la monnaie. Les banques concédées sont autorisées à pratiquer d'autres activités bancaires comme le prêt, mais sans en avoir le monopole. C'est dans de telles opérations qu'elles peuvent faire fructifier l'argent royal laissé à leur disposition.

Le texte est fort mutilé et nous permet mal (et les autres sources ne nous aident qu'à moitié) de nous représenter exactement le fonctionnement de ces banques affermées. Nous savons qu'elles étaient hiérarchisées, depuis les «banques des villes et des villages» jusqu'à la grande banque royale à Alexandrie. De multiples documents de la pratique précisent le rôle que joue la banque par rapport à la ferme fiscale. Celle-ci a un compte débité au début du terme de la valeur que la ferme a fixée au revenu qu'elle garantit. La ferme fiscale dépose les cautionnements requis pour le montant garanti et la taxe de transmission. Les impôts doivent toujours être versés (soit directement, soit indirectement par des percepteurs) à la banque qui les porte en compte à la ferme. Les impôts versés en d'autres mains ne seraient pas comptabilisés au profit de la compagnie fermière. Mais je puis être bref

[62] Cf. Cl. Préaux, *Économie*, pp. 280–297.

ici. Depuis très longtemps, on a reconnu à la banque royale ptolémaïque une ascendance grecque directe, avec un apport tout particulier du modèle athénien. En Égypte, évidemment, la chose est postulée par le fait que l'économie monétaire, fondement de l'activité bancaire, est d'origine grecque. Dès 1899, U. Wilcken admettait la chose pour les techniques comptables des banques. Depuis, les points de contact se sont multipliés. Cl. Préaux a montré combien, à la fois, la terminologie de la banque et la forme de l'inscription bancaire, et, à travers celles-ci, le rôle de la banque comme témoin trahissaient la continuité du rôle de la banque classique[63].

La continuité des formes va même peut-être jusqu'à l'emprunt direct à la Grèce, si on admet que, dès la fin du IVe siècle, Athènes a connu déjà une *δημοσία τράπεζα*, une banque qui manie l'argent de la cité[64]. Il est même possible que les *δημοσίαι τράπεζαι* des cités grecques attestées à l'époque hellénistique ont des ancêtres d'époque classique. Mais laissons ce problème pour nous borner à une constatation que nous aurions pu faire déjà: le système de la banque affermée comme les organismes que nous avons analysés plus haut au départ des *Revenue Laws* postulent l'existence d'un groupe social grec ayant droit et pouvoir d'initiative économique, un milieu d'affaires capable de mobiliser soit de l'argent, soit des cautions, pour intervenir dans la chôra, même dans des matières économiques où le rôle de l'administration royale semble être important ou décisif parmi les ressorts de l'économie égyptienne[65]. Ainsi les *Revenue Laws* témoignent de la présence d'un «tiers corps» relativement important, en plus de l'organisation militaire et civile du roi et en plus de la masse paysanne et artisanale égyptienne. Ce serait simplifier les choses que de voir dans les «Grecs du Roi» et ceux de la diaspora libre des groupes étanches. Le diécète Apollonios, homme d'affaire et exploitant de domaines et de petites industries, en Palestine, à Alexandrie ou dans la chôra, montre l'ambivalence de certains des immigrés. Zénon, l'intendant d'Apollonios après avoir été son agent d'affaires, après avoir frayé avec les services royaux dans la gestion des affaires du diécète, deviendra à son tour un de ces Grecs «indépendants».

* * *

[63] *De la Grèce classique à l'Égypte hellénistique. La banque-témoin.* Chron. Ég. 33 (1958), n° 66, pp. 243–255. Cf. R. Bogaert, *Banques et banquiers dans les cités grecques* (Leyde, 1968), pp. 89–90.

[64] R. Bogaert, *Banques*, pp. 88–91.

[65] J'ai essayé de définir, pour l'agriculture, le rôle d'un autre groupe de Grecs indépendants dans *Third Century B.C. Land Leases from Tholtis.* Illinois Classical Studies 3 (1978), pp. 74–80.

Si nous récapitulons l'apport des quatre documents que je viens d'analyser, une question ne peut pas ne pas être posée au départ d'une synthèse qui utilise les *Revenue Laws:* le roi s'est-il délibérément associé ce monde de manieurs d'argent et de crédit, grands et petits, pour qu'ils collaborent à la création systématique d'un type économique nouveau? Ou bien ces éléments indépendants, immigrés à divers titres en Égypte, ne se sont-ils pas naturellement assuré une place dans un système de type «royal» resté suffisamment grec par le fait de l'économie monétaire pour qu'ils aient trouvé là de quoi satisfaire leur propre volonté de s'enrichir, dynamique naturelle des immigrants?

En fait, ces questions ne se posent-elles pas aux modernes seulement? Et les schémas économiques que nous percevons en Égypte ptolémaïque ne sont-ils pas le fruit, non pas d'un choix historique, mais bien d'une accumulation de faits et d'une évolution où personne n'a songé à créer un type économique nouveau en fonction d'une évaluation théorique de ce que pouvait être le meilleur rendement du grand oikos égyptien géré par un roi et ses Grecs?

Il ne peut être question de faire ici, au départ de notre document, une synthèse nouvelle de l'économie ptolémaïque. Resituons plutôt le problème en fonction des responsabilités que notre document a eues dans la genèse de l'idée d'une «économie planifiée égyptienne» et dans tous les développements politiques et historiques qu'on a imaginés au départ de ce texte.

Certes, l'économie monétaire transplantée en Égypte a subi les contraintes d'un dépaysement considérable. De l'agriculture aléatoire à petite échelle propre à la plus grande partie de la Grèce et du paysage méditerranéen traditionnel à oliviers, vignobles et champs secs, le Grec est passé aux grandes superficies irriguées, structurées en grandes unités à contrôle bureaucratique traditionnel qu'il fût royal ou sacré. On est passé d'une constellation de micro-économies à un nombre restreint d'ensembles nettement plus grands et plus homogènes. Par la force des choses, les économies qui se développent dans les royaumes grecs d'Orient sont ainsi marquées par rapport à la Grèce par le statut nouveau du rapport terre / communauté. La gestion royale de la terre par une administration agricole et des services financiers a dû être largement tributaire de la gestion de la terre par les pharaons ou par les temples, mais aussi de celle des domaines achéménides, voire même macédoniens. Mais il n'existe pas de preuves à mon avis que cette gestion de l'*oikos* du roi ait dépassé le cadre de la volonté d'exploiter au mieux le domaine, ou que parallèlement la recherche des ressources pour le Trésor soit allée au delà d'une exploitation de type fiscal pour aborder les formes d'économie moderne (planification, Staatsökonomie, Zentralverwaltungswirtschaft, etc.) qu'on lui a prêtées.

Toute l'image qu'on peut s'en faire, en dehors de l'emprise du roi sur la terre, qui est un héritage des pharaons comme des Achéménides, nous ramène au contraire à des traditions économiques propres à la Grèce du IVe siècle. Concrètement, la terminologie des structures fiscales et financières, les techniques de comptabilité en termes d'argent, les institutions transplantées vaille que vaille comme la ferme fiscale ou la clérouchie, témoignent de cette continuité. Bien entendu, au contact des réalités géographiques et sociales nouvelles, si peu «grecques», elles vont se transformer. Ce qui est plus important, c'est qu'en profondeur aussi ces traditions survivent. On est d'accord aujourd'hui pour réduire à un certain nombre de comportements concrets le sentiment que les Anciens ont eu du «fait économique», encore qu'ils n'aient jamais perçu la catégorie du «fait économique» comme telle[66]. Les cités grecques ont essentiellement cherché à assurer leurs revenus par la fiscalité ou encore par l'exploitation indirecte de certaines richesses naturelles comme les mines (en suivant d'ailleurs les modèles de la fiscalité). Leur politique commerciale se conçoit en terme d'importation des matières essentielles à la survie ou en terme d'impérialisme guerrier fondé sur cette même idée de l'acquisition des biens et de la sécurité. On n'essaye guère de remodeler sa propre économie ou de remodeler les économies qu'on exploite pour créer par exemple de nouveaux types de richesse ou encore des zones d'exportation[67]. La Grèce classique ne semble surtout pas l'avoir fait en fonction de considérations théoriques. Je ne crois pas, quoi qu'on ait dit sur le mercantilisme des Ptolémées, qu'il y ait de leur part un comportement économique qui, en dehors de la gestion du nouvel espace rural, dépasse vraiment les axes de l'empirisme de la cité grecque: l'exploitation fiscale et, mais ceci sort de notre sujet, le souci de s'assurer les importations nécessaires de vivres, de métaux, de bois et d'hommes.

Il y a d'autres points de rapprochement entre le IVe siècle et l'Égypte ptolémaïque qui sont mis en valeur par une analyse des *Revenue Laws.*

En terminant son étude sur le passage de la banque d'Athènes à l'Égypte[68], Claire Préaux a esquissé en quelques lignes une réflexion plus générale sur laquelle débouche mon dernier développement. Les banquiers si importants à Athènes au IVe siècle, remarque-t-elle, étaient des étrangers. Et ceci met le doigt sur un des aspects fondamentaux de l'économie grecque au IVe siècle, époque de destruction et de restructuration de la société grecque. On assiste

[66] Cf. M. I. Finley, *L'économie antique* (Paris, 1975), pp. 20–21.
[67] Cf. note 24, pour un exemple tiré des *Revenus* de Xénophon. On pourrait en tirer de nombreux autres des expédients et recettes ponctuelles du livre II de l'*Économique* d'[Aristote].
[68] Voir note 63.

alors à la disparition progressive dans la cité grecque du prestige et de la puissance du citoyen-paysan. Cette disparition est due peut-être aux crises qu'a traversées le corps civique; elle est surtout due à la concurrence d'un nouveau type de Grecs prestigieux, car ils détiennent l'initiative dans bien des activités non traditionnelles: c'est l'étranger, commerçant ou banquier, le métèque, dont on a d'autant plus besoin, que les besoins d'argent se font plus pressants. Lorsque, au lendemain d'une guerre qui a affaibli Athènes, Xénophon se hasarde dans ses *Revenus* à réfléchir à haute voix sur les moyens de ramener Athènes à la prospérité, il propose de favoriser par toutes sortes de mesure l'installation des métèques, source d'activité économique et de matière à imposer. Il naît ainsi en Grèce au IVe siècle une classe expérimentée et puissante, mobile, qui est un modèle d'action et qui devient indispensable à la Cité. C'est au même moment qu'un autre type de mobilité d'action hors de la cité natale s'impose aux Grecs, celui du mercenariat. Vu sous l'angle des hommes qui s'expatrient, le mercenariat est en fait une activité économique délibérée et honorable; pensez au frère modèle de l'*Aspis* de Ménandre, il n'a rien d'un *miles gloriosus*. Certes, l'idéal du mercenaire reste encore le retour à la cité-patrie, mais en fait, dès le Ve siècle, apparaît l'idée parallèle d'une colonisation du sol barbare, de la réalisation d'une existence nouvelle dans un cadre nouveau au milieu d'une population qu'on exploite.

Lorsqu'Alexandre, puis les Ptolémées, s'installent en Égypte, s'est imposé avec eux une économie monétaire ou, du moins, les formes d'une économie monétaire. Ce n'était pas là une décision: on n'eût pas songé qu'il pût y avoir une vie active de Grecs pérégrins dans un autre schéma économique. De la même façon, les Ptolémées et ses conseillers, devant organiser la conquête gréco-macédonienne et les terres immenses et fertiles qu'elle avait ouvertes aux vainqueurs, ont obligatoirement pensé la vie économique du pays en fonction de termes institutionnels et suivant des habitudes économiques nés dans la cité grecque du IVe siècle. L'apport d'Athènes, entre autres par l'influence de Démétrius de Phalère, a dû marquer non seulement les institutions et le droit d'Alexandrie, mais aussi indirectement la vie de la chôra. Tout au plus, y a-t-on sans doute ajouté l'expérience royale macédonienne (qui nous échappe en matière économique) et a-t-on reçu avec les terres nouvelles des pharaons des modes spécifiques de gestion de ces terres. Mais, comme je l'ai dit, ce qui m'apparaît comme tout aussi fondamental dans les *Revenue Laws*, c'est qu'ils montrent l'importance qu'a prise dans l'économie ptolémaïque le potentiel mobile et jusqu'à un certain point indépendant, du Grec déjà détaché avec succès de sa cité natale dans l'économie des métèques ou dans celle des mercenaires. Ne nous représentons d'ailleurs pas le «financier» grec de l'Égypte de Ptolémée Philadelphe comme un banquier qui a fait traverser ses capitaux de Grèce, des îles ou d'Asie Mineure, à Alexandrie; ce dut être l'exception. Dans une région riche qui s'ouvre brusquement à l'économie monétaire, il y a source de profit pour l'initiative, l'expérience et la maîtrise du risque. Les milliardaires américains de la grande époque n'avaient pas apporté leurs capitaux d'Europe. Le manque d'hommes, la nécessité pour le pouvoir ptolémaïque de s'assurer le concours du maximum de Grecs, seuls aptes à vivre la gestion de type grec, expliquent que cette insertion a été un succès et qu'elle s'est maintenue même dans un cadre où l'autorité de référence est le roi-détenteur des terres. L'équilibre qui est né entre ces deux pouvoirs n'est pas le résultat de la volonté royale d'associer ces hommes à une économie moderne qu'il créait; il est né de l'adaptation dans les faits – cadre politique nouveau, terres nouvelles – de tendances profondes du monde grec du IVe siècle. C'est à titre égal que le roi, les mercenaires, les fonctionnaires, mais aussi les Grecs indépendants venus en Égypte en quête de richesse, ont été par leur langue, leurs modes de penser, d'évaluer et de décider, les porteurs inconscients de ces tendances dans lequelles l'économie n'est qu'un élément intégré à beaucoup d'autres. Ce n'est pas un des moindres paradoxes que les *Revenue Laws*, source de l'idée moderne du pouvoir économique autoritairement repensé par le roi, puisse apparaître au contraire comme le témoin de la solidarité d'un destin grec. Ce témoin se trouve au départ de la longue et lente usure qui va amener la mentalité grecque à sa mort lente dix siècles plus tard sous le poids d'un pays et d'hommes étrangers qui ont inexorablement estompé le sens des mots et des institutions, et l'esprit qu'ils sous-tendaient. Cette usure des mots et des institutions grecques qui est déjà perceptible dans les *Revenue Laws*.

Veröffentlichungen
der Arbeitsgemeinschaft für Forschung des Landes Nordrhein-Westfalen,
jetzt: Rheinisch-Westfälische Akademie der Wissenschaften

Neuerscheinungen 1970 bis 1978

Vorträge G Heft Nr.		GEISTESWISSENSCHAFTEN
161	*Wilhelm Hennis, Freiburg i. Br.*	Demokratisierung – Zur Problematik eines Begriffs
162	*Günter Stratenwerth, Basel*	Leitprinzipien der Strafrechtsreform
	Hans Schulz, Bern	Kriminalpolitische Aspekte der Strafrechtsreform
163	*Rüdiger Schott, Münster*	Aus Leben und Dichtung eines westafrikanischen Bauernvolkes – Ergebnisse völkerkundlicher Forschungen bei den Bulsa in Nord-Ghana 1966/67
164	*Arno Esch, Bonn*	James Joyce und sein *Ulysses*
165	*Edward J. M. Kroker, Königstein*	Die Strafe im chinesischen Recht
166	*Max Braubach †, Bonn*	Beethovens Abschied von Bonn
167	*Erich Dinkler, Heidelberg*	Der Einzug in Jerusalem. Ikonographische Untersuchungen im Anschluß an ein bisher unbekanntes Sarkophagfragment Mit einem epigraphischen Beitrag von Hugo Brandenburg
168	*Gustaf Wingren, Lund*	Martin Luther in zwei Funktionen
169	*Herbert von Einem, Bonn*	Das Programm der Stanza della Segnatura im Vatikan
170	*Hans-Georg Gadamer, Heidelberg*	Die Begriffsgeschichte und die Sprache der Philosophie
171	*Theodor Kraus †, Köln*	Die Gemeinde und ihr Territorium – Fünf Gemeinden der Niederrheinlande in geographischer Sicht
172	*Ernst Langlotz †, Bonn*	Der architekturgeschichtliche Ursprung der christlichen Basilika
173	*Hermann Conrad †, Bonn*	Staatsgedanke und Staatspraxis des aufgeklärten Absolutismus Jahresfeier am 19. Mai 1971
174	*Tilemann Grimm, Bochum*	Chinas Traditionen im Umbruch der Zeit
175	*Hans Erich Stier, Münster*	Der Untergang der klassischen Demokratie
176	*Heinz-Dietrich Wendland, Münster*	Die Krisis der Volkskirche – Zerfall oder Gestaltwandel?
177	*Gerhard Kegel, Köln*	Zur Schenkung von Todes wegen
178	*Theodor Schieder, Köln*	Hermann Rauschnings „Gespräche mit Hitler" als Geschichtsquelle
179	*Friedrich Nowakowski, Innsbruck*	Probleme der österreichischen Strafrechtsreform
180	*Karl Gustav Fellerer, Köln*	Der Stilwandel in der abendländischen Musik um 1600
181	*Georg Kauffmann, Münster*	Michelangelo und das Problem der Säkularisation
182	*Harry Westermann, Münster*	Freiheit des Unternehmers und des Grundeigentümers und ihre Pflichtenbindungen im öffentlichen Interesse nach dem Referentenentwurf eines Bundesberggesetzes
183	*Ernst-Wolfgang Böckenförde, Bielefeld*	Die verfassungstheoretische Unterscheidung von Staat und Gesellschaft als Bedingung der individuellen Freiheit
184	*Kurt Bittel, Berlin*	Archäologische Forschungsprobleme zur Frühgeschichte Kleinasiens
185	*Paul Egon Hübinger, Bonn*	Die letzten Worte Papst Gregors VII.
186	*Günter Kahle, Köln*	Das Kaukasusprojekt der Alliierten vom Jahre 1940
187	*Hans Erich Stier, Münster*	Welteroberung und Weltfriede im Wirken Alexanders d. Gr.
188	*Jacques Droz, Paris*	Einfluß der deutschen Sozialdemokratie auf den französischen Sozialismus (1871–1914)
189	*Eleanor v. Erdberg-Consten, Aachen*	Die Architektur Taiwans Ein Beitrag zur Geschichte der chinesischen Baukunst
190	*Herbert von Einem, Bonn*	Die Medicimadonna Michelangelos
191	*Ulrich Scheuner, Bonn*	Das Mehrheitsprinzip in der Demokratie
192	*Theodor Schieder, Köln*	Probleme einer europäischen Geschichte Jahresfeier am 30. Mai 1973
193	*Erich Otremba, Köln*	Die „Kanalstadt". Der Siedlungsraum beiderseits des Ärmelkanals in raumdynamischer Betrachtung
194	*Max Wehrli, Zürich*	Wolframs ‚Titurel'

195	*Heinrich Dörrie, Münster*	Pygmalion – Ein Impuls Ovids und seine Wirkungen bis in die Gegenwart
196	*Jan Hendrik Waszink, Leiden*	Biene und Honig als Symbol des Dichters und der Dichtung in der griechisch-römischen Antike
197	*Henry Chadwick, Oxford*	Betrachtungen über das Gewissen in der griechischen, jüdischen und christlichen Tradition
198	*Ernst Benda, Karlsruhe*	Gefährdungen der Menschenwürde
199	*Herbert von Einem, Bonn*	‚Die Folgen des Krieges'. Ein Alterswerk von Peter Paul Rubens
200	*Hansjakob Seiler, Köln*	Das linguistische Universalienproblem in neuer Sicht
201	*Werner Flume, Bonn*	Gewohnheitsrecht und römisches Recht
202	*Rudolf Morsey, Speyer*	Zur Entstehung, Authentizität und Kritik von Brünings „Memoiren 1918–1934"
203	*Stephan Skalweit, Bonn*	Der „moderne Staat". Ein historischer Begriff und seine Problematik
204	*Ludwig Landgrebe, Köln*	Der Streit um die philosophischen Grundlagen der Gesellschaftstheorie
205	*Elmar Edel, Bonn*	Ägyptische Ärzte und ägyptische Medizin am hethitischen Königshof Neue Funde von Keilschriftbriefen Ramses' II. aus Bogazköy
206	*Eduard Hegel, Bonn*	Die katholische Kirche Deutschlands unter dem Einfluß der Aufklärung des 18. Jahrhunderts
207	*Friedrich Ohly, Münster*	Der Verfluchte und der Erwählte. Vom Leben mit der Schuld
208	*Siegfried Herrmann, Bochum*	Ursprung und Funktion der Prophetie im alten Israel
209	*Theodor Schieffer, Köln*	Krisenpunkte des Hochmittelalters
		Jahresfeier am 7. Mai 1975
210	*Ulrich Scheuner, Bonn*	Die Vereinten Nationen als Faktor der internationalen Politik
211	*Heinrich Dörrie, Münster*	Von Platon zum Platonismus Ein Bruch in der Überlieferung und seine Überwindung
212	*Karl Gustav Fellerer, Köln*	Der Akademismus in der deutschen Musik des 19. Jahrhunderts
213	*Hans Kauffmann, Bonn*	Probleme griechischer Säulen
214	*Ivan Dujčev, Sofia*	Heidnische Philosophen und Schriftsteller in der alten bulgarischen Wandmalerei
215	*Bruno Lewin, Bochum*	Der koreanische Anteil am Werden Japans
216	*Tilemann Grimm, Tübingen*	Meister Kung Zur Geschichte der Wirkungen des Konfuzius
217	*Harald Weinrich, Bielefeld*	Für eine Grammatik mit Augen und Ohren, Händen und Füßen – am Beispiel der Präpositionen
218	*Roman Jakobson, Cambridge, Mass.*	Der grammatische Aufbau der Kindersprache
219	*Jan Öberg, Stockholm*	Das Urkundenmaterial Skandinaviens Bestände, Editionsvorhaben, Erforschung
220	*Werner Beierwaltes, Freiburg i. Br.*	Identität und Differenz. Zum Prinzip cusanischen Denkens
221	*Walter Hinck, Köln*	Vom Ausgang der Komödie. Exemplarische Lustspielschlüsse in der europäischen Literatur
222	*Heinz Hürten, Freiburg i. Br.*	Reichswehr und Ausnahmezustand. Ein Beitrag zur Verfassungsproblematik der Weimarer Republik in ihrem ersten Jahrfünft
223	*Bernhard Kötting, Münster*	Religionsfreiheit und Toleranz im Altertum
		Jahresfeier am 18. Mai 1977
224	*Karl J. Narr, Münster*	Zeitmaße in der Urgeschichte
225	*Karl Ed. Rothschuh, Münster*	Iatromagie: Begriff, Merkmale, Motive, Systematik
226	*Samuel R. Spencer, Jr., Davidson, North Carolina*	Die amerikanische Stimmung im Jahr des Janus
227	*Paul Mikat, Düsseldorf*	Dotierte Ehe – rechte Ehe. Zur Entwicklung des Eheschließungsrechts in fränkischer Zeit
228	*Herbert Franke, München*	Nordchina am Vorabend der mongolischen Eroberungen: Wirtschaft und Gesellschaft unter der Chin-Dynastie (1115–1234)
229	*András Mócsy, Budapest*	Zur Entstehung und Eigenart der Nordgrenzen Roms
230	*Heinrich Dörrie, Münster*	Sinn und Funktion des Mythos in der griechischen und der römischen Dichtung
231	*Jean Bingen, Brüssel*	Le Papyrus Revenue Laws – Tradition grecque et Adaptation hellénistique
232	*Niklas Luhmann, Bielefeld*	Organisation und Entscheidung

ABHANDLUNGEN

Band Nr.		
28	*Hermann Conrad †, Gerd Kleinheyer, Thea Buyken und Martin Herold, Bonn*	Recht und Verfassung des Reiches in der Zeit Maria Theresias. Die Vorträge zum Unterricht des Erzherzogs Joseph im Natur- und Völkerrecht sowie im Deutschen Staats- und Lehnrecht
29	*Erich Dinkler, Heidelberg*	Das Apsismosaik von S. Apollinare in Classe
30	*Walther Hubatsch, Bonn, Bernhard Stasiewski, Bonn, Reinhard Wittram †, Göttingen, Ludwig Petry, Mainz, und Erich Keyser, Marburg (Lahn)*	Deutsche Universitäten und Hochschulen im Osten
31	*Anton Moortgat, Berlin*	Tell Chuēra in Nordost-Syrien. Bericht über die vierte Grabungskampagne 1963
32	*Albrecht Dihle, Köln*	Umstrittene Daten. Untersuchungen zum Auftreten der Griechen am Roten Meer
33	*Heinrich Behnke und Klaus Kopfermann (Hrsg.), Münster*	Festschrift zur Gedächtnisfeier für Karl Weierstraß 1815–1965
34	*Joh. Leo Weisgerber, Bonn*	Die Namen der Ubier
35	*Otto Sandrock, Bonn*	Zur ergänzenden Vertragsauslegung im materiellen und internationalen Schuldvertragsrecht. Methodologische Untersuchungen zur Rechtsquellenlehre im Schuldvertragsrecht
36	*Iselin Gundermann, Bonn*	Untersuchungen zum Gebetbüchlein der Herzogin Dorothea von Preußen
37	*Ulrich Eisenhardt, Bonn*	Die weltliche Gerichtsbarkeit der Offizialate in Köln, Bonn und Werl im 18. Jahrhundert
38	*Max Braubach †, Bonn*	Bonner Professoren und Studenten in den Revolutionsjahren 1848/49
39	*Henning Bock (Bearb.), Berlin*	Adolf von Hildebrand Gesammelte Schriften zur Kunst
40	*Geo Widengren, Uppsala*	Der Feudalismus im alten Iran
41	*Albrecht Dihle, Köln*	Homer-Probleme
42	*Frank Reuter, Erlangen*	Funkmeß. Die Entwicklung und der Einsatz des RADAR-Verfahrens in Deutschland bis zum Ende des Zweiten Weltkrieges
43	*Otto Eißfeldt †, Halle, und Karl Heinrich Rengstorf (Hrsg.), Münster*	Briefwechsel zwischen Franz Delitzsch und Wolf Wilhelm Graf Baudissin 1866–1890
44	*Reiner Haussherr, Bonn*	Michelangelos Kruzifixus für Vittoria Colonna. Bemerkungen zu Ikonographie und theologischer Deutung
45	*Gerd Kleinheyer, Regensburg*	Zur Rechtsgestalt von Akkusationsprozeß und peinlicher Frage im frühen 17. Jahrhundert. Ein Regensburger Anklageprozeß vor dem Reichshofrat. Anhang: Der Statt Regenspurg Peinliche Gerichtsordnung
46	*Heinrich Lausberg, Münster*	Das Sonett *Les Grenades* von Paul Valéry
47	*Jochen Schröder, Bonn*	Internationale Zuständigkeit. Entwurf eines Systems von Zuständigkeitsinteressen im zwischenstaatlichen Privatverfahrensrecht aufgrund rechtshistorischer, rechtsvergleichender und rechtspolitischer Betrachtungen
48	*Günther Stökl, Köln*	Testament und Siegel Ivans IV.
49	*Michael Weiers, Bonn*	Die Sprache der Moghol der Provinz Herat in Afghanistan
50	*Walther Heissig (Hrsg.), Bonn*	Schriftliche Quellen in Mogoli. 1. Teil: Texte in Faksimile
51	*Thea Buyken, Köln*	Die Constitutionen von Melfi und das Jus Francorum
52	*Jörg-Ulrich Fechner, Bochum*	Erfahrene und erfundene Landschaft. Aurelio de'Giorgi Bertòlas Deutschlandbild und die Begründung der Rheinromantik
53	*Johann Schwartzkopff (Red.), Bochum*	Symposium ‚Mechanoreception'
54	*Richard Glasser, Neustadt a. d. Weinstr.*	Über den Begriff des Oberflächlichen in der Romania

55	*Elmar Edel, Bonn*	Die Felsgräbernekropole der Qubbet el Hawa bei Assuan. II. Abteilung. Die althieratischen Topfaufschriften aus den Grabungsjahren 1972 und 1973
56	*Harald von Petrikovits, Bonn*	Die Innenbauten römischer Legionslager während der Prinzipatszeit
57	*Harm P. Westermann u. a., Bielefeld*	Einstufige Juristenausbildung. Kolloquium über die Entwicklung und Erprobung des Modells im Land Nordrhein-Westfalen
58	*Herbert Hesmer, Bonn*	Leben und Werk von Dietrich Brandis (1824–1907) – Begründer der tropischen Forstwirtschaft. Förderer der forstlichen Entwicklung in den USA. Botaniker und Ökologe
59	*Michael Weiers, Bonn*	Schriftliche Quellen in Moġolī, 2. Teil: Bearbeitung der Texte
60	*Reiner Haussherr, Bonn*	Rembrandts Jacobssegen Überlegungen zur Deutung des Gemäldes in der Kasseler Galerie
61	*Heinrich Lausberg, Münster*	Der Hymnus ›Ave maris stella‹
62	*Michael Weiers, Bonn*	Schriftliche Quellen in Moġolī, 3. Teil: Poesie der Mogholen
63	*Werner H. Hauss (Hrsg.), Münster, Robert W. Wissler, Chicago, Rolf Lehmann, Münster*	International Symposium 'State of Prevention and Therapy in Human Arteriosclerosis and in Animal Models'

Sonderreihe
PAPYROLOGICA COLONIENSIA

Vol. I *Aloys Kehl, Köln*	Der Psalmenkommentar von Tura, Quaternio IX (Pap. Colon. Theol. 1)
Vol. II *Erich Lüddeckens, Würzburg, P. Angelicus Kropp O. P., Klausen, Alfred Hermann † und Manfred Weber, Köln*	Demotische und Koptische Texte
Vol. III *Stephanie West, Oxford*	The Ptolemaic Papyri of Homer
Vol. IV *Ursula Hagedorn und Dieter Hagedorn, Köln, Louise C. Youtie und Herbert C. Youtie, Ann Arbor*	Das Archiv des Petaus (P. Petaus)
Vol. V *Angelo Geißen, Köln*	Katalog Alexandrinischer Kaisermünzen der Sammlung des Instituts für Altertumskunde der Universität zu Köln Band I: Augustus-Trajan (Nr. 1–740)
Vol. VI *J. David Thomas, Durham*	The epistrategos in Ptolemaic and Roman Egypt Part 1: The Ptolemaic epistrategos
Vol. VII *Bärbel Kramer und Robert Hübner (Bearb.), Köln*	Kölner Papyri (P. Köln) Band 1
Bärbel Kramer und Dieter Hagedorn (Bearb.), Köln	Band 2

SONDERVERÖFFENTLICHUNGEN

Der Minister für Wissenschaft und Forschung des Landes Nordrhein-Westfalen	Jahrbuch 1963, 1964, 1965, 1966, 1967, 1968, 1969, 1970 und 1971/72 des Landesamtes für Forschung

Verzeichnisse sämtlicher Veröffentlichungen der Arbeitsgemeinschaft für Forschung des Landes Nordrhein-Westfalen, jetzt: Rheinisch-Westfälische Akademie der Wissenschaften, können beim Westdeutschen Verlag GmbH, Postfach 300 620, 5090 Leverkusen 3 (Opladen), angefordert werden

GPSR Compliance

The European Union's (EU) General Product Safety Regulation (GPSR) is a set of rules that requires consumer products to be safe and our obligations to ensure this.

If you have any concerns about our products, you can contact us on ProductSafety@springernature.com

In case Publisher is established outside the EU, the EU authorized representative is:

Springer Nature Customer Service Center GmbH
Europaplatz 3
69115 Heidelberg, Germany

Batch number: 10809472

Printed by Printforce, the Netherlands